Sternzeichen-Steine

Widder
Rubin

Stier
Smaragd

Zwillinge
Onyx

Krebs
Karneol

Löwe
Peridot

Jungfrau
Beryll

Waage
Topas

Skorpion
Chrysopras

Schütze
Zirkon

Steinbock
Amethyst

Wassermann
Jaspis

Fische
Saphir

Rupert Hochleitner

GU Naturführer
Edelsteine
und Schmucksteine

Edel- und Schmucksteine sowie Imitationen kennen- und unterscheiden lernen

GU GRÄFE UND UNZER

Edel- und Schmucksteine bestimmen – leicht gemacht

Kostbare und edle Steine haben zu allen Zeiten eine besondere Rolle im Leben der Menschen gespielt. Früher wurden hauptsächlich die bekanntesten Edelsteine wie Diamant, Smaragd, Saphir und Rubin oder Schmucksteine wie Achat oder Lapis-Lazuli zu Schmuck verarbeitet. Heute gibt es eine Vielzahl von Steinen, die sich wachsender Beliebtheit erfreuen und zu Schmuckzwecken dienen.
Der neue GU Naturführer »Edelsteine und Schmucksteine« stellt in 285 faszinierenden Farbfotos und ausführlichen Beschreibungen Edelmetalle, Edel- und Schmucksteine, organische Schmucksteine und verarbeitete Steine, die verschiedenen Varietäten, aber auch Kristalle in ihren natürlichen, ungeschliffenen Formen sowie synthetische Steine vor. Leicht verständliche *Steckbrieftexte* informieren über wichtige mineralogische Eigenschaften, Erkennungs- und Unterscheidungsmerkmale, Vorkommen, Verarbeitung und – im gegebenen Fall – Pflege des Steins. Die anschließenden kurzen *Erzähltexte* liefern Interessantes und Wissenswertes zum jeweiligen Edel- oder Schmuckstein. Farbfotos von handgearbeiteten Schmuckstücken vermitteln eine Vorstellung von der Schönheit und den vielseitigen Verwendungsmöglichkeiten von Edel- und Schmucksteinen.

An den Steckbriefteil schließt das Kapitel »Wissenswertes über Edelsteine« an. Hier werden u.a. Informationen zu Vorkommen, Entstehung und Gewinnung von Edel- und Schmucksteinen, zu den verschiedenen Schlifformen und Verarbeitungsmethoden, zu Farben und Farbvarietäten, Imitationen und synthetischen Steinen, zu Glücks- und Monatssteinen sowie Hinweise für Sammler gegeben. Den Abschluß machen »Tips für den Edelsteinkauf«.

So gehen Sie beim Bestimmen vor

Bestimmungsweg 1: Sie besitzen einen Edel- oder Schmuckstein, oder man hat Ihnen einen Stein zum Kauf angeboten. In beiden Fällen kennen Sie den Namen des Steins und möchten mehr über ihn erfahren. Mit Hilfe des Registers (ab Seite 157) finden Sie Farbfoto und Beschreibung, in der Sie Wissenswertes über den Stein lesen, einschließlich der Merkmale, die ihn von ähnlichen Steinen unterscheiden. Es ist angegeben, welche Eigenschaften Sie prüfen müssen.

Bestimmungsweg 2: Sie interessieren sich für einen Stein, oder Sie besitzen einen Stein, dessen Namen Sie nicht kennen. Allerdings ist Ihnen zumindest die Farbe des Steins bekannt, und Sie können feststellen, ob er undurchsichtig, durchsichtig oder durchscheinend ist. Beispiel: Ihr Stein ist blau und durchsichtig. Sie suchen sich im GU Naturführer Edel- und Schmucksteine einen blauen, durchsichtigen

Stein wie Saphir, Mineral Korund. Im Text sind alle anderen blauen und durchsichtigen Steine genannt, die man mit dem Saphir verwechseln könnte, sowie die Unterscheidungsmöglichkeiten angegeben.

Inhalt

Edel- und Schmucksteine bestimmen – leicht gemacht	Seite	4
Edelmetalle	Seite	6–17
Edelsteine	Seite	18–57
Schmucksteine	Seite	58–123
Organische Schmucksteine	Seite	124–133
Synthetische Steine	Seite	134–141
Wissenswertes über Edelsteine	Seite	142–155
Register, Impressum	Seite	157–158

Die fünf Kennfarben

Seite 8–17	Unter der gelben Kennfarbe sind die Edelmetalle Gold, Silber und Platin zu finden
Seite 20–57	Unter der blauen Kennfarbe sind die Edelsteine mit ihren verschiedenen Varietäten zu finden
Seite 60–123	Unter der grünen Kennfarbe sind die Schmucksteine mit ihren verschiedenen Varietäten zu finden
Seite 126–133	Unter der grauen Kennfarbe sind die organischen Schmucksteine zu finden
Seite 136–141	Unter der roten Kennfarbe sind die wichtigsten synthetischen Steine zu finden

Edelmetalle

Dieses Kapitel zeigt und beschreibt die Edelmetalle Silber, Gold und Platin. Im Gegensatz zu den anderen Metallen, wie etwa Blei oder Zink, kommen die Edelmetalle auch häufig gediegen in der Natur vor, das heißt, sie finden sich nicht in chemischen Verbindungen, sondern als reine Metalle. Aus diesem Grunde waren sie den Menschen der Vorzeit bereits bekannt und wurden auch schon von ihnen zu Schmuck verarbeitet.

Gold

Härte: 2½ – 3
Dichte: 15,5 – 19,3
Chemische Formel: Au
Kristallform: kubisch
Farbe: Gold- bis messinggelb, bei Silbergehalten auch heller bis gelbweiß. Metallglanz.
Vorkommen: Oktaeder, Würfel, selten gut ausgebildet, oft zu blechförmigen, baumförmigen, drahtförmigen Aggregaten verwachsen. Oft feinkörnig in Quarz eingewachsen, abgerollte Klumpen, Nuggets, rundliche Einzelkristalle. Gold findet sich besonders in hydrothermalen Quarzgängen und in subvulkanischen Erzlagerstätten, dort zusammen mit anderen Goldmineralien. Wegen seiner chemischen Beständigkeit findet man das gediegene Gold häufig auch in Seifen zusammen mit anderen Schwermineralien (Rheingold, Goldrush in Kalifornien und Alaska).
Besonderheit: Gediegen Gold ist duktil, das heißt, es läßt sich zu dünnen Plättchen hämmern oder zu Drähten ausziehen und sogar schneiden, ohne zu zerbrechen.
Unterscheidung: Die verschiedenen goldfarbenen Erzminerale, wie z. B. Pyrit oder Kupferkies, sind nicht duktil und haben im Gegensatz zum gelben Gold eine schwarze Strichfarbe (Spur, die das Mineral beim Reiben auf einer unglasierten Porzellanscheibe hinterläßt). Gelblich angelaufenes gediegen Silber kann sehr ähnlich sein, allerdings zeigt es nach dem Abkratzen der Anlaufschicht immer seine typische silberweiße Farbe.
Verarbeitung: Gediegen Gold ist auch heute noch das einzig wichtige Golderz. Es wird aus den zahlreichen Goldseifen herausgewaschen, viel häufiger jedoch und in viel größeren Mengen als Beiprodukt bei der Erzgewinnung in anderen Lagerstätten, z. B. Kupferlagerstätten, mit abgebaut. Ein großer Teil des Golds wird auch heute noch für Währungszwecke (Goldreserven der einzelnen Staaten!) verwendet, ein weiterer großer Teil in der Schmuckindustrie verbraucht. Hier ist Gold das wichtigste Metall.

Gediegen Gold ist im Gestein der Gold-Lagerstätten meist außerordentlich fein verteilt, so daß man es, auch bei wirtschaftlich sehr bedeutsamen Gehalten, normalerweise mit dem bloßen Auge nicht sehen kann. Selbst Lagerstätten mit nur einem Zehntel Gramm Gold pro Tonne Gestein können bereits abbauwürdig sein.
Größere Goldaggregate und Goldkristalle sind dagegen außerordentlich selten und werden von den Sammlern und Museen sehr gesucht. Für solche Stücke werden Preise bezahlt, die ein Mehrfaches des Goldpreises ausmachen können. Derartige Stücke wurden in früheren Jahren, z. B. zu Zeiten

1. gediegen Gold, Kalifornien, USA
2. gediegen Gold, Papua-Neuguinea
3. gediegen Gold, Kalifornien, USA

1

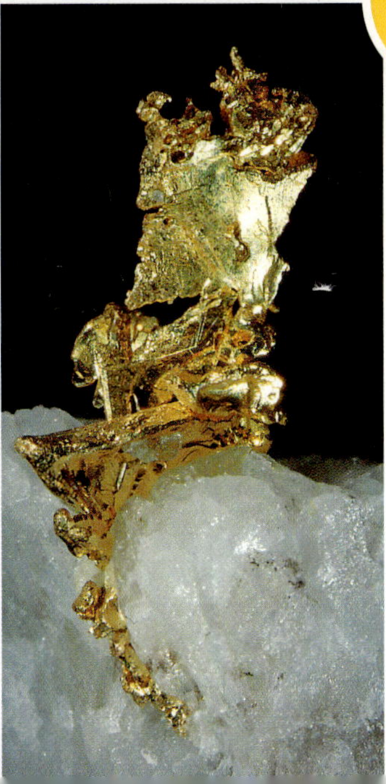

2/3

des Goldrauschs in Kalifornien, nur selten aufgehoben und fast immer eingeschmolzen. Das galt auch für die meisten Riesen-Nuggets, richtige Goldklumpen von z. T. vielen Kilogramm Gewicht. Erst in den letzten Jahren werden einige Minen nahezu ausschließlich betrieben, um Schaustufen von gediegen Gold für Sammler und Museen zu gewinnen. Die derzeit berühmteste Mine dieser Art ist die Eagle's Nest Mine in Kalifornien, aus der z. B. die abgebildeten Goldstufen 1 und 3 auf Seite 9 und 1 auf Seite 11 stammen.

Gold war in Gestalt der Nuggets aus Flußseifen in frühgeschichtlicher Zeit häufiger als heute und war wohl das erste Metall, dem der Mensch auf seinen Streifzügen begegnet ist – dies schon vor vielen Tausenden von Jahren. Glanz, Geschmeidigkeit, leichte Bearbeitbarkeit und hohes Gewicht fielen sicher auf, seine Seltenheit und Beständigkeit, ja seine Unzerstörbarkeit waren Grundlage zahlreicher magischer und mythischer Vorstellungen. So wurde Gold schon damals, obwohl gegenüber anderen Metallen eigentlich nutzlos, zum Symbol für Glück und Reichtum, und so ist es bis heute geblieben.

In der Antike war Ägypten das Goldland. Sogar eher unbedeutende Pharaonen, wie der noch im Kindesalter gestorbene Tutanchamun, wurden in ihren Gräbern mit unermeßlichen Goldschätzen beigesetzt.

Gold war in der Antike häufige Kriegsbeute und wurde nach gewonnenen Kriegen bevorzugt als Tribut eingetrieben. Alexander dem Großen gelang es, den größten Teil des damals im Orient existierenden Golds in seiner Hand zu vereinigen. Nach seinem Tod zerstreute sich diese Goldmenge wieder.

Gegen Ende des Römerreichs herrschte bereits Goldmangel in Europa, während der Völkerwanderungszeit gingen Wissen und technisches Können verloren, so daß es nach 350 n. Chr. in Europa praktisch keinen Goldbergbau mehr gab. Die Goldwährung wurde durch die Silberwährung ersetzt.

Größere Mengen an Gold gelangten erst wieder mit der Eroberung der mittel- und südamerikanischen indianischen Reiche nach Europa. Von da an ging es Schlag auf Schlag: Ein Goldrausch folgte dem andern, die Goldsucher arbeiteten sich vom brasilianischen Minas Gerais, vom nordamerikanischen Kalifornien bis ins unwirtlichste Alaska vor – immer auf der Suche nach dem wertvollen Metall.

1. gediegen Gold, Kalifornien, USA

2. Goldklumpen, Rußland

1

2

Platin

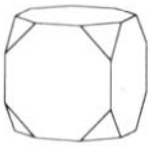

Härte: 4–5
Dichte: 7,88
Chemische Formel: Pt
Kristallform: kubisch
Farbe: Silbergrau bis stahlgrau. Metallglanz.
Vorkommen: Selten würfelige Kristalle, meist rundliche, abgerundete Klumpen, Nuggets, oft mit Chromit verwachsen. Platin findet sich meist auf sekundärer Lagerstätte in sogenannten Seifen zusammen mit anderen Schwermineralien. Sehr selten bildet sich Platin auch hydrothermal in Quarzgängen.
Besonderheit: Gediegen Platin ist duktil, das heißt, es läßt sich mit dem Hammer zu Plättchen schlagen oder zu Drähten dehnen, ohne zu zerbrechen.
Unterscheidung: Gediegen Silber ist deutlich weicher und bildet im Gegensatz zu Platin die verschiedensten dendritischen und lockenförmigen Aggregate, die bei Platin nicht vorkommen.
Verarbeitung: Gediegen Platin war lange Zeit das einzige Platinerz. Heute wird allerdings der größte Teil des Platins bei der Verhüttung intramagmatischer Nickelerze, die auch verschiedene Platinmineralien enthalten, gewonnen. Der größte Teil des Platins wird in der Technik, z. B. in der chemischen Industrie, verwendet, nur ein kleinerer Teil wird in der Schmuckindustrie verarbeitet.
Platin ist sehr viel schwerer zu verarbeiten als Gold oder Silber und wird, auch wegen seines hohen Preises, nur für exklusiven Schmuck verwendet. Nur wenige Goldschmiede beherrschen es, Platinschmuck anzufertigen.
Häufiger werden Brillanten mit Platin verarbeitet. Eine Besonderheit sind Ringe, bei denen der geschliffene Diamant nicht in einer Fassung sitzt, sondern unverrückbar fest einfach in einen an einer Stelle »aufgeschnittenen« Platinring eingeklemmt wird, so daß er ohne jedes störende Metall geradezu »schwebt«. Dies ist nur mit Platin möglich, da man diesem, im Gegensatz zu Gold oder Silber, eine Spannung geben kann, die den Stein absolut sicher festhält.

Der Name Platina (Verkleinerungsform von plata = Silber, also eigentlich Silberchen, kleines Silber) stammt aus dem 18. Jahrhundert. Erstmals war das Metall in Peru entdeckt worden, es gelangte 1736 nach Europa. Erst 1752 wurde Platin als selbständiges Element erkannt. Man wußte damals allerdings noch nichts damit anzufangen. Das war auch nach der Entdeckung der Platinlagerstätten im Ural im Jahre 1823 noch so. Man verarbeitete deshalb mangels anderer Verwendungsmöglichkeiten Platin in Rußland einige Jahre lang als Münzmetall.

1. gediegen Platin, Nugget, Rußland
2. gediegen Platin mit schwarzem Chromit, Rußland

1

2

Silber

Härte: $2^{1}/_{2}$ – 3
Dichte: 9,6 – 12
Chemische Formel: Ag
Kristallform: kubisch
Farbe: Silberweiß, oft gelblich oder schwärzlich angelaufen. Metallglanz.
Vorkommen: Gediegen Silber bildet oft drahtförmige bis lockenförmige Aggregate, Platten, Klumpen, seltener auch gut ausgebildete, würfelige oder oktaederförmige Kristalle, die oft zu baumförmigen, dendritischen Gebilden verwachsen sein können. Gediegen Silber kommt in der Oxidationszone und Zementationszone zahlreicher hydrothermaler Erzlagerstätten vor.
Besonderheit: Gediegen Silber ist duktil, das heißt, es kann gebogen, mit dem Hammer zu Blättchen geschlagen und geschnitten werden, ohne zu zerbrechen. Diese Eigenschaft unterscheidet gediegen Silber von fast allen anderen Mineralien, die mit ihm zusammen vorkommen können.
Unterscheidung: Gediegen Gold hat eine andere Farbe. Gelblich angelaufenes Silber kann allerdings ähnlich aussehen, hier hilft die Kratzprobe (Abschaben der gelblichen Anlaufschicht, darunter erscheint dann die silberweiße Originalfarbe). Gediegen Platin ist deutlich härter als gediegen Silber.
Verarbeitung: Kommt gediegen Silber in größeren Mengen vor, dann dient es zusammen mit anderen Mineralien zur Silbergewinnung und wird dabei aufgeschmolzen. Das Mineral als solches wird nicht verwendet. Stufen von gediegen Silber sind allerdings sehr gesuchte und teuer bezahlte Sammlerstücke.

Das Metall Silber wird heute hauptsächlich als Nebenprodukt der Zink- und insbesondere der Blei-Gewinnung produziert. Hier stammt es aus den meist relativ geringen Mengen Silber, die in den Erzmineralien Bleiglanz und Zinkblende enthalten sind. Gediegen Silber als Silbererz spielt heute nur noch in wenigen, meist in Entwicklungsländern gelegenen Lagerstätten eine gewisse Rolle. Das geht so weit, daß in den ehemaligen Uranbergwerken zufällig aufgefahrene Silberreicherze einfach auf die Halde geworfen wurden, weil sich der technische Aufwand für die Aufarbeitung dieser relativ geringen Menge eines allerdings sehr reichen Erzes nicht lohnte. In den alten Bergbaugebieten Europas sind die silberreichen oberen Bereiche der Lagerstätten längst abgebaut.
Im Mittelalter und in der frühen Neuzeit dagegen war gediegen Silber ein gesuchter Rohstoff für die Silbergewinnung, die neben der Verwendung von Silber für Schmuck und Tafelgeschirr besonders für die Münzprägung wichtig war. Lieferte

1. gediegen Silber, Freiberg, Sachsen
2. gediegen Silber, Freiberg, Sachsen
3. gediegen Silber, Wittichen, Schwarzwald

1

2/3

eine Grube oder ein Bergbaugebiet besonders viel Edelmetall, so wurden aus dem Erlös sogenannte Ausbeutemünzen geprägt, die man oft nach dem Bergbauort benannte. So hießen die im berühmten böhmischen Bergbaugebiet von St. Joachimsthal (heute Jachymov) geprägten Münzen Joachimsthaler. Hiervon leitet sich der allgemeine Münzname Taler und in der Folge auch der Name der amerikanischen Währung, Dollar, ab.
Silberbergwerke waren immer Garant für den Reichtum der jeweiligen Potentaten. So basierte der sagenhafte Reichtum der sächsischen Herrscher, der sich auch heute noch in den Schätzen im Grünen Gewölbe in Dresden widerspiegelt, auf der umfangreichen Silberförderung der Bergbaugebiete im sächsischen Erzgebirge, z.B. Schneeberg, Freiberg, Marienberg u.a. Wurden in einem Bergwerk besonders große Anreicherungen an gediegen Silber und Silbermineralien gefunden, so sprach man von einem »Reicherzfall«. Berühmt ist der legendäre »Silberne Tisch« aus der St. Georgsgrube zu Schneeberg in Sachsen. Im Jahre 1477 wurde in dieser Grube eine riesengroße, mehrere hundert Zentner wiegende Masse von gediegen Silber zusammen mit anderen Silbermineralien gefunden. Der Fund war so sensationell, daß Herzog Albrecht von Sachsen es sich nicht nehmen ließ, selbst in die Grube einzufahren und den Fund zu besichtigen. Dabei benützte er den größten Brocken dieses Fundes als Tisch für eine Mahlzeit mit seinen Begleitern. Nach der Überlieferung sagte er dazu: »Friedrich III. ist zwar ein mächtiger und reicher Kaiser, aber einen Tisch von purem Silber hat er nicht.« Nach alten Quellen soll allein dieser Fund 10 Wagenladungen Silber bzw. Silbererz geliefert haben. Kleine verbürgte Stücke dieses berühmten Silberfundes befinden sich heute im Mineralogischen Museum Dresden.
Stufen von alten europäischen Lagerstätten sind mittlerweile außerordentlich selten und dementsprechend gesucht und werden von ihren Besitzern wie Schätze gehütet. Heute kommen Silberstufen für den Sammlermarkt meist aus Ländern wie Mexiko, Peru oder Rußland.

1. gediegen Silber, Sachsen
2. gediegen Silber, Freiberg, Sachsen
3. gediegen Silber, Freiberg, Sachsen

1

2/3

Edelsteine

Auf den folgenden Seiten werden alle Edelsteine vorgestellt. Jedes Mineral, das als Edelstein gelten soll, muß eine Härte von mindestens 7 auf der Mohs'schen Härteskala besitzen. Weichere Steine wären durch Staubkörnchen, die überwiegend aus Quarz mit der Härte 7 bestehen, bald zerkratzt und unansehnlich; sie würden als geschliffene Steine ihren Glanz und damit an Wert verlieren.

Diamant

Härte: 10
Dichte: 3,52
Chemische Formel: C
Kristallform: kubisch
Farbe: Farblos, weiß, gelb, grün, blau, rot, rosa, braun, schwarz; durchsichtig bis undurchsichtig. Diamantglanz.
Vorkommen: Diamant bildet in der Natur häufig gut ausgebildete Kristalle. Sie sind meist eingewachsen in basischen vulkanischen Gesteinen, insbesondere im sogenannten Kimberlit. Bei der Verwitterung dieser Gesteine bleibt der Diamant als besonders harter und widerstandsfähiger Bestandteil übrig und sammelt sich, da er auch schwerer als die meisten gesteinsbildenden Mineralien ist, in Seifen.
Unterscheidung: Die hohe Härte unterscheidet den Diamanten von allen anderen Mineralien. Bergkristall und Zirkon haben zudem eine viel niedrigere Lichtbrechung, Zirkon außerdem eine sehr hohe Doppelbrechung. Glas ist sehr viel weicher, hat eine niedrigere Lichtbrechung, mit Folien hinterlegt oder beschichtet ist es deutlich bunter. Von den synthetischen Imitationen hat YAG eine viel niedrigere Lichtbrechung, Zirkonia, Galliant und Titania sind wesentlich bunter.
Verarbeitung: Diamant wird immer im Facettenschliff verarbeitet, da dann seine hohe Lichtbrechung gut zur Geltung kommt. Der Brillantschliff wurde eigens für den Diamanten entwickelt, weil durch ihn das lebhafte Funkeln und Leuchten des Steins, sein Feuer, besonders hervorgehoben wird.
Diamant ist der einzige Edelstein, dessen Bewertung genauen Regeln unterliegt. Der Wert jedes Diamanten wird nach seiner Reinheit, der Qualität des Schliffs, seiner Größe (ausgedrückt durch das Gewicht) und seiner Farbe beurteilt.
Pflege: Diamant ist zwar sehr hart, trotzdem aber sehr stoßempfindlich und kann relativ leicht absplittern oder springen. Schmuck muß dementsprechend vorsichtig behandelt werden. Besonders beim Tragen von Diamantringen sollte man aufpassen, damit nirgends anzuschlagen.

Die großen, berühmten Diamanten sind mit zahlreichen Geschichten, Mythen und Geheimnissen verbunden. So soll z. B. der blaue Hope-Diamant all seinen Besitzern Unglück gebracht haben. Er ist mit einer ganzen Serie plötzlicher Todesfälle und Unglücke verbunden – vielleicht auch mit ein Grund dafür, warum er heute keiner Privatperson mehr gehört, sondern dem Smithsonian Museum in Washington, USA, geschenkt worden ist.
Auch der Orloff, ein großer Brillant, nach seinem Besitzer,

1. Diamant in Konglomerat-Gestein, Brasilien
2. Diamant-Rhombendodekaeder, Südafrika
3. brauner Diamant-Oktaeder, Brasilien
4. gelber Diamant-Zwilling, Zaire
5. Diamant-Oktaeder in Kimberlit, Südafrika

1/2

3/4

5

einem russischen Adligen benannt, vermochte seinem Eigner kein Glück zu bringen: Als Geschenk sollte er die russische Zarin dazu bewegen, die Verbannung aufzuheben und den Prinzen Orloff in sein geliebtes St. Petersburg zurückkehren zu lassen. Ohne Erfolg – die Zarin nahm das Geschenk zwar gnädig an, ließ sich dadurch aber nicht zu einem Gnadenakt erweichen.

Die größten geschliffenen Diamanten besitzt das englische Königshaus. Der berühmte Koh-i-Noor, der indischen Maharadschas und dem Schah von Persien gehört hatte, bevor er der englischen Königin geschenkt wurde, ziert heute die Krone der Königinmutter.

Der größte je gefundene Diamant war der Cullinan, ein Rohdiamant von 3106 Carat Gewicht, der Anfang dieses Jahrhunderts in der berühmten Premier Mine in Kimberley, Südafrika, gefunden worden war. Die Regierung von Transvaal erwarb ihn und schenkte ihn dem englischen König Edward, der allerdings, als er den noch ungeschliffenen Stein in Händen hatte, sagte: »Wenn ich diesen Stein gefunden hätte, ich hätte ihn nicht für einen Diamanten gehalten und ihn weggeworfen.«

Mit einem schwerbewachten und bewaffneten Transport wurde ein Paket nach Großbritannien gebracht – der Diamant war da aber nicht drin. Den hatte man, ganz dem britischen Postdienst vertrauend, ohne Versicherung und ohne Bewachung im einfachen Päckchen per Post nach London geschickt, wo er auch unbeschadet ankam.

Nach langer Überlegung wurde der berühmte Antwerpener Diamantenschleifer Asscher dazu ausersehen, den Stein zu spalten und dann zu schleifen. Nach einem Jahr genauesten Studiums des Steins kam dann der Augenblick, in dem das Spaltmesser angesetzt wurde. Beim zweiten Hammerschlag zersprang der Diamant – plangemäß – und Herr Asscher fiel in Ohnmacht.

Aus den durch das Spalten erhaltenen Teilen wurden insgesamt 104 geschliffene Steine hergestellt, die, nach ihrer Größe geordnet, Cullinan I, II, III usw. genannt werden.

Der Cullinan I ist mit etwas über 530 Carat der größte geschliffene Diamant der Welt. Er ziert heute das Szepter des britischen Empire und kann mit den anderen Kronjuwelen im Tower zu London besichtigt werden.

1. blauer Diamant, facettiert
2. Diamant im Firerose-Schliff
3. gelber Diamant, facettiert
4. rosa Diamant, facettiert
5. tropfenförmiger Diamant, facettiert
6. Diamant im Brillant-Schliff
7. Diamant, als Trillant geschliffen
8. Diamant im Prinzeß-Schliff

1/2

3/4

5/6

7/8

Korund

Härte: 9
Dichte: 3,97–4,05
Chemische Formel: Al_2O_3
Kristallform: trigonal
Farbe: Weiß, rot, blau, rosa, orange, gelb, braun, farblos; durchsichtig. Glasglanz.
Vorkommen: Die Korunde sind eine Gruppe von Edelsteinen, die sich durch ihre jeweilige Farbe unterscheiden.
Varietäten: Am bekanntesten ist wohl der hell- bis dunkelrote *Rubin*, der in guter Qualität einer der wertvollsten Edelsteine ist. Rubin findet sich in eingewachsenen Kristallen in metamorphen Gesteinen, besonders in Gneisen und Marmoren. Die besten, zum Schleifen besonders geeigneten Kristalle stammen fast immer aus Marmor und werden heute hauptsächlich in Myanmar (Birma), Indien, Pakistan und Afghanistan gefunden. Bei der Verwitterung der Gesteine wird auch der Rubin frei und kann sich in einzelnen Kristallen und abgerollten Stücken in Seifen sammeln.
Unter dem Namen *Saphir* ist der blaue Korund bekannt. Er tritt in allen Farbtönen von Hellblau über schönes Tintenblau bis zu tiefem Schwarzblau auf. Mit Ausnahme der roten Rubine werden auch alle anders gefärbten Korunde als Saphire bezeichnet. So gibt es rosafarbenen, farblosen oder rötlich- bis orangegelben Saphir, letzterer auch als Padparadscha bezeichnet. Saphire finden sich in Kristallen eingewachsen in metamorphen Gesteinen, aber auch in sehr schöner blauer Färbung in vulkanischen Gesteinen (z. B. Kambodscha). Auch in Seifen kann Saphir, ebenso wie der Rubin, gefunden werden. Besonders typisch für den Saphir sind die gut ausgebildeten spindelförmigen Kristalle.
Sowohl bei Rubin als auch bei Saphir finden sich Steine, die, als Cabochon geschliffen, eine deutliche sechsstrahlige Lichterscheinung zeigen, die bei Bewegung des Steins über die Oberfläche wandert. Man nennt solche Steine Sternrubin bzw. Sternsaphir. Besonders gut ist der Stern beim Betrachten im Sonnenlicht zu erkennen. Er entsteht durch die Brechung des parallel eintretenden Lichts an orientiert eingewachsenen, mikroskopisch kleinen Rutilnädelchen.
Unterscheidung: Die entsprechend gefärbten synthetischen Korunde sind mit einfachen Mitteln nicht zu unterscheiden. Die entsprechend gefärbten Gläser sind viel weicher. Synthetischer Sternrubin und Sternsaphir zeigen einen schärferen Stern als natürliche Steine und haben eine viel zu einheitliche, undurchsichtige Grundmasse. Spinell ist weicher, aber mit einfachen Mitteln nur schwer zu unterscheiden. Viele große Rubine in berühmten Juwelen, wie z. B. der englischen

1. Rubin-Kristall, Hunzatal, Pakistan
2. Rubin-Kristall, Chamray, Indien
3. Saphir-Kristall, Ratnapura, Sri Lanka
4. Rubin-Kristall, Jegdalek, Afghanistan
5. Saphir-Kristall, Madagaskar

1

2/3

4/5

Krone und der Krone der bayerischen Wittelsbacher, haben sich als Spinelle herausgestellt. Bei Rohsteinen ist die jeweilige Kristallform charakteristisch.
Granat ist deutlich weicher und weist meist einen anderen Rotton als der Rubin auf. Zirkon hat eine sehr viel höhere Doppelbrechung als farbloser Saphir. Citrin, gebrannter Amethyst und gelber Orthoklas sind viel weicher als der gleichfarbige Padparadscha.
Verarbeitung: Die durchsichtigen Varietäten des Rubins und der Saphire werden immer im Facettenschliff verarbeitet. Exemplare, die wegen zahlreicher Einschlüsse nur durchscheinend sind, und vor allem die Sternsteine werden als Cabochons geschliffen. Rubin-Kristalle, die in grünem Zoisit eingewachsen sind, ergeben einen sehr dekorativen Stein, der zur Herstellung kunsthandwerklicher Gegenstände verwendet wird.

Viele der heute auf dem Markt befindlichen Saphire haben ihre schöne blaue Farbe erst durch Brennen bei hohen Temperaturen (weit über 1000 °C) erhalten. Ursprünglich waren diese Kristalle grünlich-grau oder farblos bis weiß und zeigten immer deutliche Trübungen. Diese rühren von Wolken kleinster Titandioxid-Nädelchen her, die sich beim Brennen auflösen und deren Titan im Korund die schöne blaue Farbe erzeugt, wobei der Stein durch Verschwinden der Trübung auch viel klarer wird. Viele der heute auf dem Markt befindlichen Saphire sind auf diese Weise »verbessert« worden. In Thailand gibt es bereits regelrechte »Service-Firmen«, denen man seine Korunde zum Brennen anliefern kann.
Saphire, deren blaue Farbe natürlicher Entstehung ist, sind wertvoller, allerdings nur schwer von gebrannten Saphiren zu unterscheiden. Im Edelsteinhandel wird üblicherweise auch keine Angabe darüber gemacht, ob der Stein gebrannt oder von Natur aus blau ist.
Der Name Saphir (manchmal auch Sapphir geschrieben) kommt aus dem Griechischen und heißt nichts anderes als »blauer Stein«. Er ist erst seit der Neuzeit definitiv mit dem blauen Korund verbunden, früher bezeichnete man auch andere blaue Steine, so z. B. den Lapis-Lazuli, mit diesem Namen.
Der Name Padparadscha für den orangefarbenen Saphir kommt aus dem Singhalesischen und soll »Lotosblüte« bedeuten.

1. gelber Saphir, Cabochon
2. Kaschmir-Saphir, facettiert
3. Rubin, facettiert
4. Padparadscha, facettiert
5. Rubin-Kristalle, Hunzatal, Pakistan

1/2

3/4

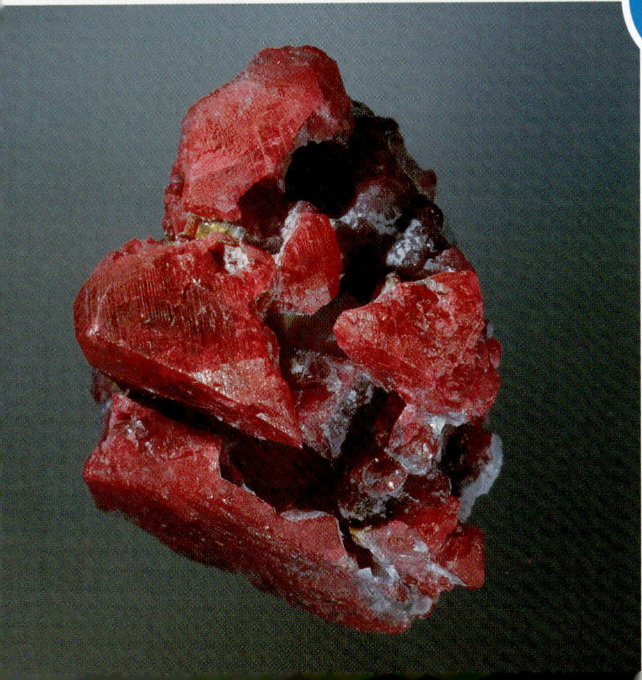

5

Spinell

Härte: 8
Dichte: 3,58–3,62
Chemische Formel: $MgAl_2O_4$
Kristallform: kubisch
Farbe: Rot, rosa, violett, blau, gelb; durchsichtig. Glasglanz.
Vorkommen: Spinell bildet in der Natur oft gut ausgebildete Kristalle, die in magmatischen Gesteinen und Marmoren eingewachsen sind. Als Form tritt hierbei meist der Oktaeder auf, seltener kommen auch Zwillinge vor. Neben den im Gestein eingewachsenen Kristallen findet man Spinell auch häufig als lose Kristalle oder mehr oder weniger abgerollte Stücke in den sogenannten Edelsteinseifen. Berühmtestes Fundgebiet ist Myanmar (Birma), gutes Material kommt heute aber auch aus Pakistan. Spinell wird meist im Rahmen der Rubinsuche mitgewonnen.
Unterscheidung: Rubin ist härter, aber mit einfachen Mitteln nur schwer zu unterscheiden. Rotes Glas ist weicher und hat immer winzige Luftbläschen. Synthetischer roter Spinell und Korund sind mit einfachen Mitteln nicht zu unterscheiden.
Verarbeitung: Spinelle werden als durchsichtige Steine fast immer im Facettenschliff verarbeitet, wobei man meist nur die roten Exemplare verwendet. Andersfarbige Spinelle werden nur sehr selten verschliffen.

Roter Spinell ist sehr leicht mit dem Rubin zu verwechseln. Er wurde erst Ende des 18. Jahrhunderts als eigenes Mineral erkannt. Viele berühmte Rubine in Kronen oder historischen Geschmeiden haben sich nachträglich als Spinelle erwiesen, so z. B. der Black Prince's Ruby in der englischen Krone oder Steine in der bayerischen Königskrone, die heute in der Schatzkammer der Münchner Residenz zu besichtigen ist. Obwohl roter Spinell durchaus in Schönheit und Farbe an Rubin heranreichen kann, wird der Stein heute nicht mehr besonders geschätzt.

Spinelle werden in der Regel nicht sehr groß, allerdings befindet sich im British Museum in London ein Spinell-Kristall von über 500 Carat Gewicht.

Neben der vorrangig beliebten roten Spinell-Varietät (oft auch Rubin-Spinell genannt) werden seltener auch andersfarbige Spinelle verarbeitet.

Sehr dunkelgrünen bis fast schwarzen Spinell nennt man nach der ehemaligen Bezeichnung für das heutige Sri Lanka (Ceylon) Ceylanit. Gelber Spinell wird manchmal auch Rubicell genannt.

Balas-Rubin ist kein Rubin, sondern ein blaßroter Spinell.

1. Spinell, abgerollter Kristall, Birma
2. Spinell, Zwillingskristall, Birma
3. Spinell, facettiert
4. Spinell-Kristall, Birma
5. Spinell-Kristall, Hunzatal, Pakistan

1/2

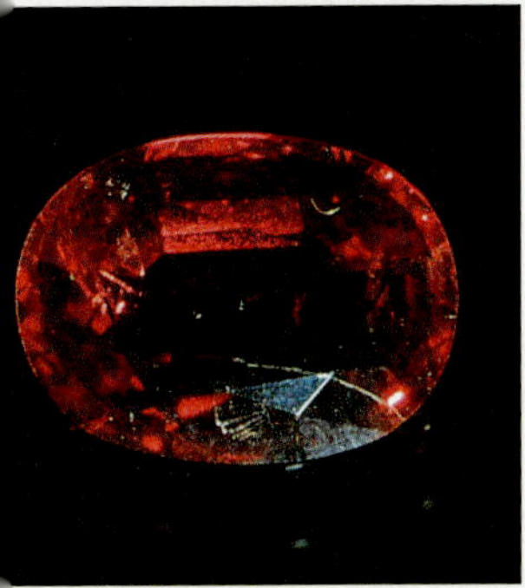

3/4

5

Beryll

Härte: $7^1/_2$–8
Dichte: 2,63–2,80
Chemische Formel: $Al_2Be_3[Si_6O_{18}]$
Kristallform: hexagonal
Farbe: Farblos, weiß, rosa, blau, grün, rot, gelb; durchsichtig. Glasglanz.
Vorkommen: Beryll kommt eingewachsen in gelben bis grünlichen, undurchsichtigen Kristallen in zahlreichen Pegmatiten vor. In Hohlräumen und Drusen dieser Pegmatite werden gut ausgebildete Kristalle gefunden.
Varietäten: *Aquamarin* ist ein hell- bis dunkelblauer, durchsichtiger Beryll, der meist langprismatische, sechsseitige Kristalle bildet und in Pegmatiten vorkommt. Hauptlieferanten sind heute Brasilien und Nigeria.
Goldberyll oder *Heliodor* findet sich ebenfalls in prismatischen Kristallen in Hohlräumen und Drusen von Pegmatiten. Sehr große Kristalle werden heute in Wolodarsk in der Ukraine gefunden.
Goshenit ist ein farbloser Beryll, der in Hohlräumen und Drusen von Pegmatiten meist tafelige, sechsseitige Kristalle bildet, und hauptsächlich in Brasilien gefunden wird.
Morganit wird in rosafarbenen, meist dicktafeligen Kristallen in Pegmatitdrusen z. B. in Brasilien, Pakistan und Kalifornien gefunden.
Smaragd ist ein durch geringe Chromgehalte intensiv grün (smaragdgrün) gefärbter Beryll, der in prismatischen Kristallen in metamorphen Gesteinen, insbesondere Glimmerschiefern eingewachsen ist. Solche Lagerstätten werden in Südafrika, Brasilien, Pakistan und Rußland abgebaut. Die besten Smaragde stammen allerdings aus hydrothermalen Gängen in Kolumbien, wo der Smaragd zusammen mit Pyrit und Apatit in Calcit als Gangart auftritt.
Roter Beryll (*Bixbit*) findet sich in Hohlräumen von weißem Rhyolith, einem siliziumreichen, vulkanischen Gestein (USA und Mexiko), wo er sechsseitige, prismatische Kristalle bildet.
Unterscheidung: Aquamarin: Synthetischer aquamarinfarbener Spinell fluoresziert intensiv bei Bestrahlung mit UV-Licht. Blauer Zirkon hat eine hohe Doppelbrechung. Blauer Topas ist mit einfachen Mitteln kaum zu unterscheiden, hat aber eine deutlich höhere Dichte. Glas ist deutlich weicher. Blauer Diamant ist extrem selten und viel härter.
Morganit: Kunzit ist farblich sehr ähnlich, zeigt aber immer einen deutlichen Pleochroismus, den man beim Betrachten von verschiedenen Seiten gut erkennen kann. Rosa Saphir ist viel härter, Rubellit mehr rötlich.
Heliodor: Chrysoberyll ist härter, gelber Zirkon hat eine hohe Doppelbrechung, Citrin ist meist nicht so intensiv gold-

1. Aquamarin-Kristalle, Nagar, Pakistan
2. Smaragd-Kristalle, Muzo, Kolumbien

1

2

gelb. Gebrannter Amethyst ist mehr braungelb, gelber Orthoklas ist deutlich weicher.
Smaragd: Grüner Turmalin zeigt immer ein viel blaustichigeres Grün, nicht das typische Smaragdgrün, ebenso grüner Zirkon. Glas ist viel weicher. Dubletten erkennt man beim Betrachten von der Seite leicht an der Trennschicht.
Goshenit: Farbloser Topas ist mit einfachen Mitteln kaum zu unterscheiden, hat aber eine viel höhere Dichte.

Verarbeitung: Alle Beryllvarietäten werden als durchsichtige Steine in der Regel facettiert geschliffen. Da die meisten Berylle, insbesondere der Smaragd, wegen der prismatischen Kristallform nur als längliche Rohsteine erhältlich sind, wurde für den Smaragd eine besondere Schlifform entwickelt, die für diese Rohsteinform besonders geeignet ist. Man nennt sie Treppenschliff oder Smaragdschliff, obwohl sie auch schon für andere Edelsteine, wie etwa Turmalin, verwendet wird.

Aquamarin und Smaragd sind sehr beliebte und häufig verarbeitete Edelsteine, Morganit und Heliodor kommen dagegen weniger für Schmuckzwecke in Frage. Roter Beryll und Goshenit werden nur selten geschliffen. In seltenen Fällen wurden besonders große Smaragde zu kunsthandwerklichen Gegenständen wie Schälchen oder kleinen Dosen verarbeitet. Diese Stücke haben heute einen unschätzbaren Wert.

Smaragd wird auch synthetisch hergestellt, diese Synthesen sind allerdings auf dem Markt nicht sehr verbreitet. Manchmal gibt es auch Smaragd-Dubletten, deren Oberteil aus farblosem Beryll besteht, der mit einem intensiv grünen Kleber auf das Unterteil, z. B. Bergkristall, geklebt ist, so daß die Dublette smaragdgrün erscheint.

Die Kristalle der Edelsteinvarietäten von Beryll sind meist eher klein, obwohl auch Smaragde und Aquamarine bis zu 50 cm Länge gefunden wurden. Der schmutziggrün gefärbte, undurchsichtige sogenannte Gemeine Beryll wurde dagegen schon in Riesenkristallen von bis zu 6 m Länge und 100 t Gewicht gefunden. Vor allem der Aquamarin kann durch verschiedene Behandlungen stark verbessert werden. Besonders beliebt ist das Brennen von Beryllen: Schlecht gefärbte Aquamarine erhalten durch Erhitzen auf etwa 400 °C eine optimale blaue Farbe, selbst gelbliche oder grünliche Kristalle können auf diese Weise in hervorragende Aquamarine verwandelt werden.

Bei Smaragden ist dies so nicht möglich; deren Farbe kann man aber z. B. durch Ölen, d. h. Einlegen in ein möglichst grün gefärbtes Öl, deutlich verbessern. Einschlüsse oder andere Fehler,

1. roter Beryll, Utah, USA
2. Aquamarin-Kristall, Nigeria
3. Beryll mit Ätzflächen, Ukraine
4. Goldberyll, Rußland

1/2

3/4

wie Sprünge oder Risse, werden dadurch weniger sichtbar. Allerdings verflüchtigt sich das bei dieser Manipulation verwendete Öl nach einigen Monaten, und die ursprünglich schlechte Qualität des Steins wird wieder offenbar. Es gibt allerdings praktisch keine Smaragde ohne Einschlüsse. Solche Einschlüsse, die man beim Smaragd »Jardin« nennt, werden im Gegenteil geradezu als Echtheitsbeweis betrachtet. Der Preis des Smaragds ist sehr viel mehr vom intensiven Farbton abhängig als von der Zahl der Einschlüsse.

Smaragde waren schon in der Antike begehrte Edelsteine. Berühmt sind z. B. die ägyptischen Smaragdminen der Kleopatra, die bereits zur Zeit der Pharaonen ausgebeutet wurden.

Diese und weitere Fundstellen in Indien lieferten die vor Entdeckung der kolumbianischen Minen einzigen und sehr seltenen Smaragde. Hervorragende Exemplare solcher Smaragde aus dem Besitz der früheren türkischen Sultane finden sich noch heute im berühmten Topkapi-Palast in Istanbul.

Die kolumbianischen Smaragde wurden bereits von den Inkas abgebaut. Im Zuge der Eroberungsfeldzüge der spanischen Konquistadoren ging aber das Wissen über die meisten Minen verloren. Die Spanier begnügten sich lange Zeit mit den zahlreichen, den Indianern geraubten Steinen. Einige der reichsten Minen wurden in der Tat erst in diesem Jahrhundert wiederentdeckt, und zwar von dem deutschen Edelsteinsucher Klein aus Idar-Oberstein.

In Europa gibt es in den österreichischen Alpen, an der Leckbachscharte im Habachtal, das einzige europäische Smaragdbergwerk, das allerdings nie größere Mengen an schleifbaren Steinen geliefert hat. Es wird auch heute noch, allerdings hauptsächlich nur zur Gewinnung von Mineralstufen für Sammler und Museen, betrieben. Geschliffene Smaragde bzw. Schmuck mit Steinen aus dieser Lagerstätte zählen zu den größten Raritäten auf dem Edelsteinsektor.

1. Goldberyll, facettiert
2. Smaragd, facettiert
3. Aquamarin, facettiert
4. Smaragd-Anhänger mit Brillanten.
   Der Smaragd stammt aus dem einzigen europäischen Smaragdbergwerk im Habachtal, Österreich.
5. Goldberyll-Kristall, Rußland
6. Aquamarin-Kristalle, Pakistan

1/2

3/4

5/6

Turmalin

Die Turmaline sind eine Gruppe von Mischkristallen. Aber fast nur der Elbait wird in seinen verschiedenen Farbvarietäten für Schmuckzwecke verwendet.

Härte: 7
Dichte: 3,0 – 3,25
Chemische Formel: $Na(Li,Al)_3Al_6[(OH)_4/(BO_3)_3/Si_6O_{18}]$ (Elbait)
Kristallform: trigonal
Farbe: Farblos, rosa, rot, grün, blau, schwarz, braun; durchsichtig bis durchscheinend. Glasglanz.
Vorkommen: Einzelkristalle, sowohl ein- als auch aufgewachsen, sonnenförmige Aggregate. Kristallgrößen bis mehrere Meter.
Varietäten: *Rubellit* ist ein rosa bis rot gefärbter Turmalin, der in Hohlräumen und Drusen von Pegmatiten auftritt. Weist der Rubellit faserartige Struktur auf, kann er zu Rubellit-Katzenauge verarbeitet werden.
Verdelith ist ein blaugrüner bis grasgrüner Turmalin, der ebenfalls in Pegmatiten gefunden wird.
Indigolith wird blauer Turmalin genannt, wobei es sich meist um ein relativ dunkles Blau, oft mit einem Stich ins Grüne, handelt. Blaue Turmaline sind sehr viel seltener als grüne oder rosafarbene.
Turmalin bildet immer prismatische bis nadelige, oft mehrfarbige Kristalle mit mehr oder weniger dreieckigem Querschnitt. Es gibt Kristalle, die oben rosa und unten grün mit einem schwarzen Ende sind. Diese werden *Mohrenköpfe* genannt. Einige Kristalle können vom unteren bis zum oberen Ende bis zu acht verschiedene Farbzonen aufweisen. Andere sind außen grün und haben im Inneren einen roten Kern. Diese Steine nennt man wegen ihres Aussehens *Wassermelonensteine*. Während gefärbte Kristalle fast ausschließlich in Drusen und Hohlräumen vorkommen, sind die schwarzen *Schörl*-Kristalle häufig im Pegmatit eingewachsen.
Unterscheidung: Rubellit ist weicher als rosa Topas und weist nicht dessen Spaltbarkeit auf. Kunzit und Morganit sind weniger deutlich rot gefärbt. Rubellit-Katzenauge ist extrem selten und wegen seines besonderen Aussehens nahezu unverwechselbar.
Grünes Glas hat im Gegensatz zum Verdelith immer Luftblasen, während Peridot mehr gelbgrün ist. Grüner Granat ist heller grün. Smaragd ist härter und zeigt immer das typische Smaragdgrün, das beim Verdelith so nicht auftritt.
Der blaue Indigolith ist durch seine ganz spezielle Farbtönung praktisch unverwechselbar. Gleiches gilt für die Wassermelonensteine.
Verarbeitung: Turmalin wird meist im Facettenschliff ver-

1. Mohrenkopf-Turmaline, Elba, Italien
2. blaugrüner Turmalin, Brasilien
3. Turmalin-Kristalle, Elba, Italien
4. Verdelith-Kristalle, Afghanistan
5. Rubellit-Kristall, Brasilien

An erster Stelle der Hauptlieferländer für schönes Schleifmaterial steht Brasilien, dann folgen Namibia, Madagaskar, Sri Lanka, Moçambique, Nigeria, Sambia und Kalifornien. Schöne Turmaline werden in den Lagerstätten nie in großen Mengen gefunden, die Stückzahlen sind immer sehr klein; groß ist demzufolge der Wettbewerb der Schleifer um das Material.
Es gibt auch keine konstante Förderung von Turmalinen bestimmter Farben. Die meisten Turmalinminen, z. B. in Brasilien, werden nicht kontinuierlich abgebaut, sondern nur sporadisch von den Edelsteinsuchern, in Brasilien Garimpeiros genannt, betrieben. Gelingt einmal ein Fund, dann kann Turmalin der entsprechenden Farben in genügender Menge auf dem Markt sein. Danach dauert es u. U. wieder Jahre, bis erneut solche Steine gefunden werden. Innerhalb kürzester Zeit ist der gerade noch häufige Stein dann überhaupt nicht mehr erhältlich.
Der sensationellste Turmalinfund der letzten Jahre wurde im brasilianischen Bundesstaat Minas Gerais gemacht. In einer lange Zeit nicht fündigen Mine konnte ein mehrere Meter durchmessender Hohlraum geöffnet werden, in dem die größten je entdeckten Rubellite (bis zu einem Meter Länge) enthalten waren. Eine der schönsten aus der Höhle geborgenen Stufen, ein großer Rubellit-Kristall mit einer Rosette von weißen Feldspat-Kristallen, wurde als »Rose of Itatiaia« weltberühmt. Sie kann heute im Smithsonian Museum in Washington, USA, besichtigt werden.
Zur Entstehung der Mohrenkopf-Turmaline wird auf der italienischen Insel Elba eine schöne Legende erzählt: Ein armer Tagelöhner hatte in der dichten Macchia eine Fundstelle wunderschöner rosafarbener Turmaline entdeckt. Er wurde aber mit dem Fund nicht froh, da ein reicher Grundbesitzer die Fundstelle für sich reklamierte und den Fund konfiszieren ließ. Der Tagelöhner starb bald darauf, und der Grundbesitzer wollte die Fundstelle in großem Stil ausbeuten, um sich die wertvollen rosa Steine zu sichern. Aber es gelang ihm nicht mehr, auch nur einen einzigen solchen Kristall zu finde. Alles, was er fand, waren Turmaline mit schwarz verschleierten Köpfen – aus Trauer über den Tod ihres Entdeckers, wie man bald auf ganz Elba erzählte.

1. Ketten aus verschiedenfarbigem Turmalin
2. Turmalin-Kristalle als Anhänger mit Bergkristall-Anhänger (unten)

1

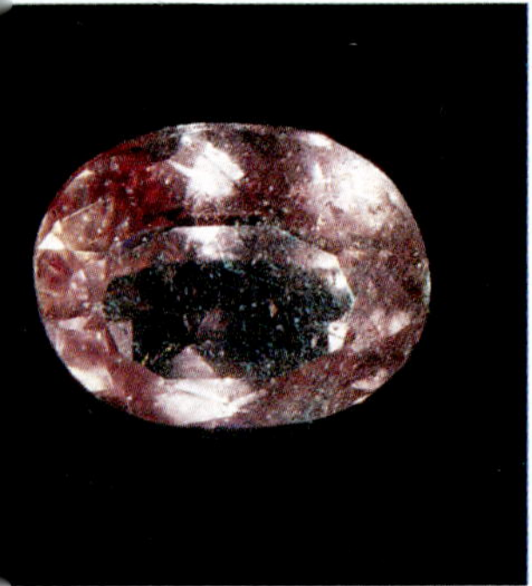

2/3

4/5

arbeitet, wobei man vor allem bei den kleineren Stücken wegen der langgestreckten Kristalle den Treppenschliff wählt. Als Cabochons werden die unreineren Steine und die sehr seltenen Katzenaugen-Steine geschliffen. Turmalin verwendet man auch zur Herstellung kunsthandwerklicher Gegenstände, insbesondere von Skulpturen. Dazu eignen sich besonders gut die mehrfarbigen Exemplare, da sie bei geschickter Orientierung der Farbzonen sehr viele Gestaltungsmöglichkeiten bieten. Den Wassermelonensteinen wird in der Regel keine spezielle Schlifform gegeben, sie werden meist als polierte Querschnitte verarbeitet.

Besonderheit: Turmalin zeigt eine sehr hohe Doppelbrechung und einen starken Pleochroismus. Beides unterscheidet den Turmalin deutlich von anderen Steinen.

Pflege: Wegen seiner pyroelektrischen Eigenschaften zieht Turmalin besonders leicht Staub- und Schmutzpartikel an; Schmuckstücke mit Turmalin müssen daher öfter und sorgfältiger gereinigt werden als solche mit anderen Steinen.

Wird Turmalin erwärmt, zieht er feine Teilchen, z. B. Aschenpartikel, an. Er wurde deshalb von den Holländern früher »Aschentrekker« genannt und zur Reinigung ihrer Tonpfeifen benützt. Heute bezeichnet man diese Erscheinung, die beim Turmalin erstmals 1703 entdeckt wurde, als Pyroelektrizität.

Besonders schön sind Steine, die, meist unter einer dunklen Außenhaut, ein vielfarbiges Zentrum erkennen lassen. Allerdings zeigen diese Steine, die äußerlich oft eher unscheinbar sind, ihre Schönheit – ganz ähnlich wie die Achate – erst, wenn sie durchgeschnitten sind. Dann kann man die verschiedensten vielfarbigen Strukturen, Strahlen, Sterne, Dreiecke erkennen. Dies ist allerdings nicht bei allen Turmalinen der Fall, die meisten sind auch in ihrem Inneren einfarbig. Nur wenige Kristalle, speziell die von Anjanabonoina auf Madagaskar, zeigen diese Erscheinung. Aus großen Kristallen konnten so wunderschöne Platten bis fast einen halben Meter Durchmesser geschnitten werden. Interessant ist, daß die Steine mit den schönsten Zeichnungen und Strukturen außen meist ganz unscheinbar schwärzlich gefärbt sind, ihre Schönheit demzufolge auf den ersten Blick gar nicht zu erkennen ist.

Während der schwarze Schörl eingewachsen in Gesteinen ein außerordentlich häufiges Mineral ist und seine Kristalle in Ausnahmefällen auch Größen von mehreren Metern erreichen können, sind Kristalle der Edelsteinvarietäten in schleifbarer Qualität eher klein und selten.

1. Turmalinanhänger mit Verdelith-Kristallen
2. Rubellit, facettiert
3. zweifarbiger Turmalin, facettiert
4. Wassermelonen-Turmalin
5. brauner Turmalin, facettiert

1

2/3

4/5

1

2/3

verhältnismäßig niedrige Preis, daß es sich nicht um echten, wertvollen Topas handeln kann. Rauchquarz wird oft zur Wertsteigerung als Rauchtopas verkauft.

Die echten sherryfarbenen Topase von Ouro Preto in Brasilien werden auch als Imperial-Topas angeboten. Häufig bezeichnet man den echten Topas zur Unterscheidung von seinen billigeren Namensvettern als Edeltopas.

Farblosem Topas wird oft durch Bestrahlung die begehrte blaue Farbe verliehen. So behandelte Steine sind sehr viel weniger wert als die von Natur aus blauen und verblassen manchmal auch mit der Zeit.

Vor Entdeckung der Vorkommen in Brasilien und im Ural war lange Zeit der Schneckenstein im sächsischen Vogtland der einzige Lieferant für Edelsteintopas in Europa. Die wunderschön gelblich gefärbten Kristalle waren allgemein sehr gesucht und beliebt. Im grünen Gewölbe in Dresden befinden sich aus dem Besitz der sächsischen Könige zahlreiche Schmuckstücke, darunter eine speziell angefertigte Schmuckgarnitur mit ausgewählt schönen Schneckensteiner Topasen. Auch die Krönungsinsignien der englischen Königinnen und Könige enthalten eine große Anzahl bester Topase von dieser Fundstelle.

Um etwa 1800 wurde der Abbau dieser Lagerstätte eingestellt, heute stehen die Überreste des Schneckensteins unter absolutem Naturschutz. Geschliffene Steine von dort sind mittlerweile ausgesprochene Raritäten.

Während die Schneckensteiner Topase meist sehr klein waren, liefern die Fundstellen in Brasilien z. T. riesige Kristalle, aus denen schon facettierte Steine mit mehreren Kilogramm Gewicht hergestellt wurden. Auch der größte facettierte Edelstein der Welt mit 22892,5 Karat ist ein goldgelber Topas. Er befindet sich seit dem 4. Mai 1988 im Smithsonian Museum in Washington, USA. Das Schleifen dieses Riesensteins dauerte über zwei Jahre, insbesondere auch deshalb, weil erst die entsprechenden Werkzeuge und Maschinen hergestellt werden mußten, um so einen großen Stein überhaupt bearbeiten zu können.

Den Namen Topas gab es bereits in der Antike, allerdings bezeichnete er damals einen auf der Insel Topazos im Roten Meer gefundenen Stein, bei dem es sich wohl eher um Peridot handelte. Die heute gebräuchliche Verbindung von Stein und Name ist erst relativ jung.

1. goldgelber Topas-Kristall, Sachsen
2. farbloser Topas, facettiert
3. sherryfarbener Topas, facettiert
4. brauner Topas, facettiert
5. blauer Topas-Kristall, Rußland

1

2/3

4/5

Chrysoberyll

Alexandrit

Härte: 8 ½
Dichte: 3,71 – 3,72
Chemische Formel: $BeAl_2O_4$
Kristallform: orthorhombisch
Farbe: Gelb, braun, grün; durchsichtig bis durchscheinend. Glasglanz.
Vorkommen: Tafelige bis prismatische Kristalle, die in Pegmatiten ein- und aufgewachsen sind. Nur in seltenen Fällen Einzelkristalle, meist Zwillinge oder Drillinge, wobei die Drillinge einen typischen, sechsseitigen Umriß haben. In Glimmerschiefern eingewachsen kommen grünliche Kristalle vor, bei denen es sich fast immer um Drillinge handelt. Diese werden Alexandrit genannt und zeichnen sich dadurch aus, daß sie im Sonnenlicht grün erscheinen, in künstlichem Licht dagegen rötlich. Daneben gibt es Chrysoberyll-Kristalle, die durch parallelfaserige Einschlüsse undurchsichtig sind. Sie zeigen nach dem Schleifen einen deutlichen Lichtstreifen, der der Pupille eines Katzenauges ähnelt. Sie heißen deshalb Chrysoberyll-Katzenaugen.
Unterscheidung: Gelber Saphir ist meist intensiver und reiner gelb, Zirkon hat eine starke Doppelbrechung. Synthetischer Spinell fluoresziert stark grün. Topas ist reiner gelb. Glas und gelber Orthoklas sind viel weicher.
Verarbeitung: Der eigentliche Chrysoberyll wird immer im Facettenschliff verarbeitet, ebenso der Alexandrit. Chrysoberyll-Katzenaugen müssen als Cabochons geschliffen werden, um die Eigenart dieser Steine hervorzuheben. Nur dann zeigen sie den typischen Katzenaugen-Effekt.

Alexandrit war der Nationalstein des russischen Zarenreiches. Er wurde nach dem russischen Zaren Alexander benannt, da er als einziger der in Rußland gefundenen Edelsteine die Farben des Zarenreiches, rot und grün, zeigte. Obwohl es heute Vorkommen von Alexandrit auch z.B. in Zimbabwe oder in Brasilien gibt, gelten die russischen Alexandrite immer noch als die hochwertigsten. Gute Steine, die den Farbwechsel besonders schön zeigen, sind außerordentlich selten. Große Alexandrite dieser Qualität sind oft teurer als hochwertige Rubine oder Saphire.
Der eigentliche Chrysoberyll, der in schönen goldgelben, facettierten Steinen erhältlich ist, hat sich dagegen nie so recht in der Schmuckbranche durchgesetzt und wird auch dementsprechend gering bewertet. Auch Chrysoberyll-Katzenaugen werden eher selten verwendet, manchmal sollen sie aber auch zu Heilzwecken (z.B. Stärkung der Potenz) dienen.

1. Chrysoberyll-Drilling, Indien
2. Chrysoberyll, facettiert
3. Chrysoberyll-Katzenauge
4. Alexandrit im Tageslicht
5. Alexandrit im Kunstlicht

1

2/3

4/5

Spodumen

Kunzit, Hiddenit

Härte: 7
Dichte: 3,18
Chemische Formel: $LiAlSi_2O_6$
Farbe: Weiß, gelb, rosa, grün; durchsichtig. Glasglanz.
Vorkommen: Spodumen bildet Kristalle, die in Pegmatiten ein- und aufgewachsen sind. Sie sind meist tafelig bis prismatisch und oft sehr stark natürlich verätzt. Dadurch erhalten sie eine sehr unregelmäßige Oberfläche.
Varietäten: Für Schmuckzwecke werden zwei Farbvarietäten verwendet: *Hiddenit* ist gelblichgrün bis intensiv grün, *Kunzit* rosa bis rosaviolett. Der normale Spodumen bildet zwar große Kristalle, ist aber fast immer weiß bis gelblich, undurchsichtig und deshalb für Schmuckzwecke nicht zu gebrauchen. Die Edelsteinvarietäten Kunzit und Hiddenit bleiben dagegen sehr viel kleiner.
Besonderheit: Spodumen ist ein Mineral mit einem sehr starken Pleochroismus. Das bedeutet, daß sich, je nachdem von welcher Seite man einen Kristall betrachtet, unterschiedliche Farbtöne beobachten lassen. So kann der Kunzit je nach der Beobachtungsrichtung Farben zeigen, die von Farblos über Rosa bis zu einem intensiven Violettrosa reichen. Hiddenit wechselt in der Farbe je nach Beobachtungsrichtung von Farblos über Blaßgrün bis zu einem intensiven Grasgrün.
Unterscheidung: Morganit und Rubellit haben keinen so starken Pleochroismus, ebenso Rosenquarz, der auch immer leicht milchig erscheint. Rosa Saphir ist deutlich härter, ebenso rosa Topas.
Verarbeitung: Beide Farbvarietäten werden im Facettenschliff verarbeitet, wobei in der Regel längliche Formen gewählt werden. Den rosa Kunzit verwendet man sehr viel häufiger zu Schmuckzwecken als den grünen Hiddenit. Wegen der hervorragenden Spaltbarkeit ist das Schleifen nicht ganz einfach.
Aufgrund des starken Pleochroismus der Spodumene ist es wichtig, den Stein so zu schleifen, daß der Betrachter den gefaßten Stein in der intensivsten Farbe sieht.

Spodumen ist nicht nur ein interessanter Edelstein, sondern wegen seines Lithium-Gehaltes auch ein wichtiges Lithiumerz. Hierzu werden natürlich nicht die schön gefärbten Varietäten verwendet, sondern der ganz normale, meist schmutzigweiße bis gelbliche Spodumen, der in manchen Pegmatiten in großen Mengen auftreten kann. In der Etta Mine in South Dakota, USA, wurden solche Kristalle gefunden, die mehrere Meter Größe erreichten und bis zu mehreren Tonnen schwer waren.

1. Spodumen-Kristall auf Quarz, Afghanistan
2. Kunzit, facettiert
3. Kunzit-Kristall, Afghanistan
4. Spodumen-Kristall, Afghanistan
5. Hiddenit, Brasilien

1

2/3

4/5

Granat

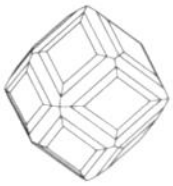

Härte: $6^1/_2 - 7^1/_2$
Dichte: 3,4 – 4,6
Chemische Formel:
$Fe_3Al_2[SiO_4]_3$ (Almandin)
$Mg_3Al_2[SiO_4]_3$ (Pyrop)
Kristallform: kubisch
Farbe: Farblos, weiß, rosa, gelb, braun, rot, grün, schwarz; durchsichtig bis durchscheinend. Glasglanz.
Vorkommen: Granate treten oft in gut ausgebildeten Kristallen auf, die meist als Form den Rhombendodekaeder oder das Deltoidikositetraeder zeigen. Diese Kristalle sind im Gestein eingewachsen oder in Klüften, Drusen oder anderen Hohlräumen der Gesteine aufgewachsen. Alle Granatarten kommen auch in abgerollten Kristallen oder Bruchstücken in Edelsteinseifen vor.
Arten: *Pyrop* ist tiefrot und in Ultrabasiten und Serpentingesteinen eingewachsen. Er wird auch häufig in Seifen gefunden.
Almandin ist rot bis braunrot und besonders in Glimmerschiefern und Gneisen enthalten.
Spessartin ist gelb, orangebraun oder braun und wird vor allem in Pegmatiten und metamorphen Gesteinen gefunden.
Grossular ist gelb, hellbraun bis hellgrün und tritt in Kalksilikatgesteinen auf.
Andradit ist braun, grün bis schwarz und kommt in Kontaktgesteinen oder auf Klüften von Serpentingesteinen vor.
Grüngelbe Andradite werden auch als *Topazolith* oder *Demantoid* bezeichnet.
Melanit ist ein schwarzer, titanhaltiger Andradit.
Der Chromgranat *Uwarowit* bildet smaragdgrüne Kristalle in Chromlagerstätten.
Tsavorit wird ein vanadiumhaltiger Granat genannt, der aus Kenia stammt und schöne grüne Kristalle bildet.
Unterscheidung: Rubin ist härter und zeigt ein anderes Rot als Pyrop und Almandin. Zirkon und Peridot haben eine hohe Doppelbrechung, Topas und Chrysoberyll sind härter als entsprechend gefärbte Granate.
Verarbeitung: Granat wird hauptsächlich im Facettenschliff verarbeitet, seltener als Cabochon. Zu Schmuckzwekken verwendet werden vorrangig Pyrop und Almandin bzw. deren Mischkristalle, die man als Rhodolith bezeichnet. Grossular und Andradit werden selten, Spessartin, Melanit und Uwarowit praktisch nie zu Schmuck verarbeitet.
In Transvaal, Südafrika, gibt es einen grünen Grossular, der keine Kristalle, sondern größere, dichte Massen bildet, die fälschlich auch als Transvaal-Jade bezeichnet werden. Aus diesen stellt man kunsthandwerkliche Gegenstände wie Figuren, Vasen oder Schalen her.

1. Andradit-Kristalle, Griechenland
2. Spessartin-Kristalle auf Turmalin, Pakistan
3. Almandin-Kristall, Bayern
4. Pyrop in Peridotit, Tessin, Schweiz
5. Grossular, Asbestos, Kanada

1

2/3

4/5

Der Name Granat kommt aus dem Lateinischen (lat. granum = Korn) und bezieht sich wohl darauf, daß sich Granat oft in Körnern abgerollt findet. Es gibt allerdings auch eine andere Deutung, die sich auf die rote Farbe der Blüten des Granatapfelbaums bezieht. Auch der Karfunkelstein der Märchen wird mit Granat identifiziert, allerdings wurde diese Bezeichnung früher genauso für Rubin und Spinell, also für alle roten Edelsteine, verwendet.

Bei der Diamantgewinnung in Südafrika fallen als Nebenprodukt auch sehr schön gefärbte Granate für die Schmuckindustrie an, die oft mit dem fälschlichen Handelsnamen Kaprubin bezeichnet werden.

Beim sogenannten »böhmischen Granat« handelt es sich um Pyrope, die in Böhmen gefunden werden und vor allem im letzten Jahrhundert den Großteil der zu Schmuck verarbeiteten Granate ausmachten. Typisch für den Granatschmuck der damaligen Zeit ist, daß die Schmuckstücke immer mit einer sehr großen Zahl in der Regel recht kleiner Steine besetzt sind. Grund hierfür ist die Tatsache, daß die in Böhmen gewonnenen Granate zwar sehr schön rubinrot gefärbt sind, aber fast immer sehr klein bleiben. Steine von Erbsengröße waren für dortige Verhältnisse schon immer ausgesprochen groß. Schon damals wurden aber häufig Granate, z. B. Almandine, aus anderen Gegenden, insbesondere Tirol, nach Böhmen transportiert und von dort als wertvollerer böhmischer Granat wieder exportiert.

Die Gewinnung der Tiroler Granate geschah auf recht abenteuerliche Weise. So liegt eine der besten, bereits im 19. Jahrhundert abgebauten Fundstellen am Roßrugg im Zillertal auf über 2600 Metern Höhe. Das abgebaute Material wurde über eine steile Felswand einfach auf den Gletscher geworfen und dann bergab zur Granatmühle transportiert. Durch Wasserkraft wurden dort die Granate von ihrem umgebenden Gestein gelöst und auch die äußeren, unreinen Schichten der Granat-Kristalle abgeschliffen. Ergebnis waren kugelig geschliffene, schön durchscheinende bis durchsichtige Almandine, die man nach Prag verkaufte. Dort wurden die Steine geschliffen und dann mit der neuen Herkunftsangabe wieder verkauft. So kam es vor, daß Tiroler Bäuerinnen stolz ihren »böhmischen Granatschmuck« zum Dirndl trugen und gar nicht wußten, daß die Steine eigentlich aus ihrer nächsten Heimat stammten.

1. Andradit-Kristall, Griechenland
2. grüner Grossular, Cabochon
3. Rhodolith, Cabochon
4. Rhodolith, facettiert
5. böhmischer Granat-Schmuck, Brosche

1

2/3

4/5

Zirkon

Hyazinth

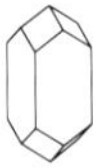

Härte: $6^1/_2 - 7^1/_2$
Dichte: 3,95 – 4,70
Chemische Formel: $ZrSiO_4$
Kristallform: tetragonal
Farbe: Farblos, blau, gelb, braun, rotbraun (Hyazinth), rot, rosa; durchsichtig. Diamantglanz.
Vorkommen: Zirkon ist meist in Pegmatiten und magmatischen Gesteinen eingewachsen. Darin werden Zirkone bis viele Zentimeter groß, sind aber meist undurchsichtig und trüb. Durchsichtige Kristalle sind sehr viel seltener und kleiner. In vulkanischen Gesteinen finden sich durchsichtige, rosafarbene, gelbe, braune oder rotbraune Zirkone. Winzige, rosa bis violett gefärbte Kristalle kommen in Kluftbildungen in den Alpen vor. Bei der Verwitterung der Gesteine bleibt der Zirkon übrig und wird wegen seiner hohen Dichte durch das Wasser in Seifen angereichert.
Besonderheit: Zirkon zeigt eine hohe Doppelbrechung, die nur bei sehr dunklen Steinen nicht erkennbar ist.
Unterscheidung: Aquamarin hat im Gegensatz zum blauen Zirkon keine hohe Doppelbrechung. Das gilt ebenso für Diamant, Zirkonia, Bergkristall und andere farblose Steine im Vergleich zum farblosen Zirkon. Die hohe Doppelbrechung unterscheidet Zirkon auch von ähnlich gefärbten Korunden.
Verarbeitung: Zirkone werden immer facettiert geschliffen. Wegen ihrer hohen Lichtbrechung werden farblose Zirkone oft als billiger Ersatz für Brillanten verwendet.
Pflege: Zirkon ist relativ spröde. Das macht ihn gegen Druck und Stoß empfindlich, seine Kanten werden leicht beschädigt. Er muß deshalb mit Vorsicht (auch beim Schleifen) behandelt werden.

Zirkon ist als Hyazinth schon seit der Antike bekannt, es ist allerdings fraglich, ob die früher Hyazinth genannten Steine wirklich alle Zirkone waren. So handelt es sich bei den bekannten »Hyazinthen von Compostela« um kleine, rötlichbraun gefärbte Quarzkristalle und keineswegs um Zirkon, obwohl diese Fehlbezeichnung selbst heute noch in manchen Edelsteinbüchern enthalten ist. Zirkon wurde erst in den 20er Jahren dieses Jahrhunderts als Schmuckstein entdeckt und beliebt. Er galt lange Zeit als geheimnisumwitterter Stein, dem man sogar mystische Bedeutung zuschrieb. Denn kaum ein anderer Edelstein weist derart veränderliche Eigenschaften auf wie er. Farblose und blaue Zirkone sind in der Natur außerordentlich selten. Für die Verarbeitung als Edelstein stellt man diese Farbtöne auf künstlichem Wege her.

1. farbloser Zirkon-Kristall, Südtirol
2. brauner Zirkon, facettiert
3. farbloser Zirkon, facettiert
4. grüner Zirkon, facettiert
5. brauner Zirkon-Kristall, Pakistan

1/2

3/4

5

Peridot

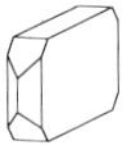

Olivin, Chrysolith

Härte : $6^1/_2$
Dichte: 3,25 – 3,35
Chemische Formel: $(Mg,Fe)_2[SiO_4]$
Kristallform: orthorhombisch
Farbe: Intensiv grün mit einem deutlichen Stich ins Gelbgrün; durchsichtig. Etwas fettiger Glasglanz.
Vorkommen: Vor allem eingewachsen in vulkanischen Gesteinen und Marmoren; bildet auf Klüften vulkanischer Gesteine auch tafelige Kristalle.
Besonderheit: Peridot hat eine sehr hohe Doppelbrechung. Wenn man bei geschliffenen Steinen durch die polierte Tafel hindurch die hinteren Facettenkanten betrachtet, so sieht man diese doppelt.
Unterscheidung: Chrysoberyll ist immer deutlich gelber, er hat keine hohe Doppelbrechung. Synthetischer peridotfarbener Korund und Spinell sowie Glas haben ebenfalls keine hohe Doppelbrechung.
Verarbeitung: Peridot wird meist facettiert geschliffen. Aus Arizona, USA, stammen auch unregelmäßig geschliffene und polierte Stücke, die gewöhnlich zu Ketten verarbeitet werden.

Das Mineral ist wahrscheinlich bereits seit der Antike bekannt. Der Name Olivin wurde erst 1790 von dem berühmten Mineralogen A.G. Werner geprägt und bezieht sich auf die Farbe. Der Name Chrysolith findet sich bereits bei dem römischen Schriftsteller Plinius, benannte damals aber vermutlich unseren heutigen Topas. Der Name Topas bezeichnete dagegen früher eine Olivin-Varietät, benannt nach der Insel Topazos im Roten Meer, womit wahrscheinlich die heutige Fundstelle Zebirget gemeint ist. Die heutigen Namen wurden also gegenüber dem Sprachgebrauch der Antike genau umgetauscht.
Die schönsten Peridot-Kristalle stammen von der Insel Zebirget im Roten Meer. Diese Fundstelle kannte man bereits im Altertum. Lange Zeit war der Fundort ein Geheimnis der Araber, die die Insel und ihre Schätze eifersüchtig bewachten. Später galt die genaue Lage der Insel als unbekannt, sie wurde erst 1900 wiederentdeckt. Heute gehört sie zu Ägypten, für Ausländer ist es aber immer noch sehr schwierig, eine Besuchserlaubnis zu bekommen.
Zebirget liefert heute nur mehr wenig Material, der Hauptanteil des Peridots, der zu Schmuckzwecken verschliffen wird, stammt aus Norwegen, Myanmar (Birma) und Arizona, USA. In Arizona wurden – schon lange bevor die Weißen das Land eroberten – die Fundstellen von den Indianern abgebaut.

1. Peridot-Herz, facettiert, Bergkristall
2. Peridot-Kristall, Zebirget, Ägypten
3. Peridot, facettiert
4. Peridot, facettiert
5. Peridot, Norwegen

1

2/3

4/5

Schmuck-steine

In diesem Kapitel werden alle Schmucksteine behandelt. Schmucksteine sind Mineralien, die – geschliffen oder ungeschliffen – zu Schmuckzwecken verarbeitet werden, aber die strengen Kriterien der Edelsteine nicht erfüllen. Zum großen Teil handelt es sich um Steine, die undurchsichtig sind, deshalb meist zu Cabochons verschliffen und häufig auch als Material für kunsthandwerkliche Arbeiten verwendet werden.

Quarz

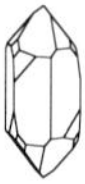

Härte: 7
Dichte: 2,65
Chemische Formel: SiO_2
Kristallform: trigonal
Farbe: Farblos, weiß, rosa, blau, grün, gelb, braun, violett, schwarz; durchsichtig bis durchscheinend. Glasglanz.
Vorkommen: Gesteinsbildend in den verschiedensten vulkanischen, magmatischen, metamorphen und Sediment-Gesteinen. Auf Klüften und in Hohlräumen dieser Gesteine meist sechsseitige, prismatische Kristalle, die z. T. ungewöhnliche Größen erreichen können. Gangart in zahlreichen Erzgängen, auch hier in Hohlräumen oft schöne Kristalle.
Varietäten: Quarz kommt in außerordentlich vielen Farbvarietäten vor, die fast alle zu Schmuckzwecken verwendet werden und deshalb auch eigene Namen tragen.
Bergkristall bildet farblose, durchsichtige Kristalle, die besonders in alpinen Klüften, hydrothermalen Gängen und Pegmatiten gefunden werden.
Rauchquarz ist rauchbraun bis dunkelbraun und kommt besonders auf alpinen Klüften und in Pegmatiten vor. Undurchsichtiger, schwarzer Rauchquarz wird auch *Morion* genannt.
Rosenquarz wird fast ausschließlich in Pegmatiten gefunden. Dort bildet er meist rosafarbene, derbe Massen, sehr selten auch gut ausgebildete, rosafarbene Kristalle.
Citrin ist ein gelblicher Quarz, der in teils großen Kristallen in Pegmatiten vorkommt. Der im Handel angebotene Citrin ist aber überwiegend ehemaliger Amethyst, der durch Brennen bei hohen Temperaturen eine intensive, bräunlichgelbe Farbe erhalten hat, die sich deutlich von dem hellen und eher blassen Gelb des natürlichen Citrins unterscheidet. Dieser gebrannte Amethyst wird oft fälschlicherweise als Topas, Goldtopas oder Quarztopas bezeichnet, um seinen Wert zu erhöhen.
Amethyst ist violetter Quarz, der in schönen Kristallen besonders in den Hohlräumen vulkanischer Gesteine und in Erzgängen zu finden ist. Selten kommt er auch in alpinen Klüften zusammen mit Rauchquarz vor.
Ametrin werden Quarze genannt, die zweifarbig gelblich (wie Citrin) und violett (wie Amethyst) gefärbt sind. Aus ihnen werden zweifarbige Steine geschliffen.
Unterscheidung: Diamant hat eine sehr viel höhere Lichtbrechung als Bergkristall, Zirkon eine deutliche Doppelbrechung. Farbloser Saphir ist härter, Glas ist weicher und hat meist Einschlüsse von Luftblasen. Rauchquarz ist kaum verwechselbar, brauner Topas ist gelblicher. Gelber Saphir ist härter als Citrin, gelber Diamant hat ein sehr viel stärkeres Feuer. Rosenquarz ist immer etwas milchig, Kunzit zeigt dagegen einen deutlichen Pleochrois-

1. Bergkristall, Brasilien
2. Amethyst-Kristall, Brasilien
3. Citrin-Kristall, Italien

1

2/3

mus, Morganit ist klarer rosa. Ametrin ist wegen seiner Zweifarbigkeit unverwechselbar.

Verarbeitung: Bergkristall, Rauchquarz und Amethyst werden meist im Facettenschliff, seltener zu Cabochons verarbeitet, wobei besonders beim Bergkristall oft der Brillantschliff angewandt wird.

Aus Bergkristall werden auch Gemmen und Kameen hergestellt.

Rosenquarz verschleift man meist zu Cabochons oder Kugeln für Steinketten, nur in sehr klaren Varietäten auch facettiert. Manche Rosenquarze zeigen, wenn sie als Cabochons oder Kugeln geschliffen werden, eine deutliche Lichterscheinung in Form eines sechsstrahligen Sterns.

Echter Citrin wird recht selten für Schmuckzwecke verarbeitet, dann aber immer facettiert. Der bräunlichgelbe, gebrannte Amethyst wird dagegen oft zu Kugeln für Steinketten verschliffen, die dann unter dem falschen Namen Topas verkauft werden.

Der Bergkristall war bereits den Griechen der Antike bekannt, die ihn für Eis hielten, das so tief gefroren sei, daß man es selbst mit den höchsten Temperaturen nicht mehr auftauen könne. Sie gaben dem Bergkristall den Namen »krystallos«. Von diesem Wort ist der heutige Begriff abgeleitet.

Bergkristalle waren schon zu Zeiten der Römer zur Herstellung von kunsthandwerklichen Gegenständen sehr beliebt. Damals wurden in den Alpen Bergkristalle bereits systematisch gesucht, wie der Vorrat eines römischen Bergkristall-Händlers zeigt, der vor wenigen Jahren in der Römerstadt auf dem Magdalensberg in Kärnten, Österreich, ausgegraben wurde: mehrere große Bergkristalle, die eindeutig aus alpinen Klüften stammen und wohl bereits zum Abtransport nach Rom vorbereitet waren.

In der Renaissance waren hauptsächlich in Mailand hergestellte Bergkristall-Gefäße bei den Reichen der damaligen Zeit sehr beliebt. So entstand in der Schweiz der Berufsstand der Strahler oder Kristallsucher. Ihr Name geht darauf zurück, daß die Bergkristalle, die sie suchten, in verschiedenen Schweizer Dialekten wegen ihres Glitzerns und Funkelns »Strahlen« hießen. Damals wurden die gefundenen Kristalle alle zum Verschleifen verkauft; besonders klare Kristalle bezeichnete man wegen ihres Verarbeitungsortes als »Mailänder Ware«. Erst viel später hat sich das Sammeln von Mineralien entwickelt, so daß heute fast alle alpinen Bergkristalle und Rauchquarze in Museen und Privatsammlungen landen.

Die schönsten und größten der heute gefundenen Bergkristallstufen stammen nicht mehr aus den Alpen. Längere Zeit kamen

1. Rauchquarz-Kristall, Österreich
2. Amethyst-Kristalle, Brasilien
3. Rosenquarz-Kristalle, Brasilien

1/2

3

die besten Bergkristallstufen aus Madagaskar, heute haben Brasilien und Arkansas, USA, dieser afrikanischen Insel den Rang abgelaufen. Die größte Bergkristallstufe der Welt mit mehreren Tonnen Gewicht stammt aus Arkansas und ist heute im Kristallmuseum Riedenburg an der Altmühl in Bayern zu besichtigen. Bergkristalle wurden lange Zeit auch zur Gewinnung von Rohmaterial für die industrielle Schwingquarzproduktion abgebaut, mittlerweile haben aber die künstlich hergestellten Quarze den natürlichen den Rang abgelaufen. Schwingquarze aus natürlichem Material werden fast nur noch in Rußland hergestellt.

Rauchquarz kann aus farblosem Bergkristall durch Bestrahlung mit Röntgenstrahlen oder radioaktiven Strahlen hergestellt werden. Dies geschieht z. B. mit Bergkristallen aus Arkansas in großem Umfang. Ganze Kisten werden im Kernreaktor der Strahlung ausgesetzt. Auch die Bestrahlungsanlagen, mit denen in manchen Ländern Lebensmittel haltbar gemacht werden, sind für die Herstellung von Rauchquarzen gut geeignet.

Übrigens ist auch die Farbe der natürlichen Rauchquarze eine Bestrahlungsverfärbung. Allerdings sind es hier die ganz kleinen, oft kaum meßbaren Mengen radioaktiver Strahlung aus dem umgebenden Gestein, die oft über Jahrmillionen auf den Quarz einwirken und ihn dabei dunkel färben.

Der Name des Amethysts kommt wahrscheinlich aus dem Griechischen und bedeutet soviel wie »nicht betrunken«. Diesen Namen hat der Stein bekommen, weil er bereits bei den Griechen als Talisman gegen Trunkenheit galt. In der christlichen Kirche wird Amethyst wegen seiner liturgischen Farbe gern als Stein für kirchlichen Schmuck verwendet. Die meisten Bischofsringe z. B. enthalten einen Amethyst.

Citrin ist nach seiner gelblichen, an Zitronen erinnernden Farbe benannt.

Rutilquarz ist ein Bergkristall mit eingewachsenen Rutilnädelchen.

1. Rosenquarz, Cabochon
2. Bergkristall, facettiert
3. gebrannter Amethyst, facettiert
4. Rauchquarz, facettiert
5. Amethyst, facettiert
6. Citrin, facettiert
7. Turmalinquarz, Cabochon
8. Rutilquarz, Anhänger

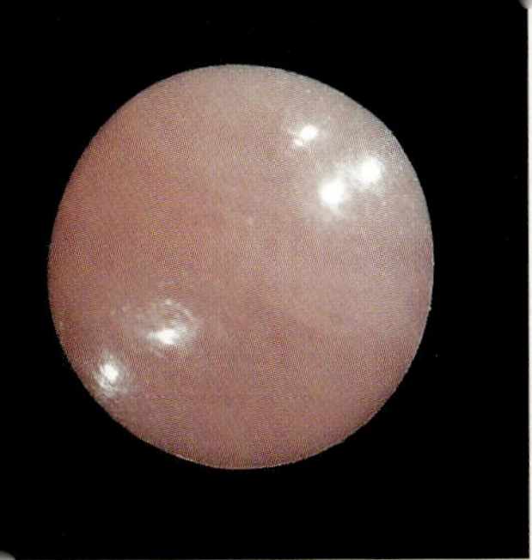

1/2

3/4

5/6

7/8

Chalcedon

Härte: 6 – 7
Dichte: 2,65
Chemische Formel: SiO_2
Kristallform: trigonal
Farbe: Weiß, grau, blau, grün, braun, rot, gelb, schwarz; durchscheinend bis undurchsichtig. Glasglanz.
Vorkommen: Chalcedon besteht aus mikroskopisch kleinen Quarzfaserchen, die zu einem dichten, mit dem Auge nicht mehr erkennbaren Aggregat verwachsen sind.
Varietäten: Je nach Färbung werden sehr viele Varietäten unterschieden.
Chalcedon im engeren Sinne ist blau bis grau, manchmal in unterschiedlichen Blautönen gestreift, findet sich in nierigen Aggregaten, stalaktitischen Formen. Er kommt besonders in Erzgängen und in Hohlräumen vulkanischer Gesteine vor.
Chrysopras ist durch Beimengungen von Nickelmineralien durchscheinend bis undurchsichtig grün gefärbt. Er wird in Serpentinen und Nickellagerstätten gefunden.
Als *Jaspis* wird ein Chalcedon bezeichnet, der durch Beimengungen verschiedener Mineralien undurchsichtig rot, braun oder grün gefärbt ist.
Landschaftsjaspis (Bild Seite 68 u. 72) weist braune, landschaftsähnliche Zeichnungen auf, die durch Eisenoxide entstanden sind.
Plasma ist ein rein grüner Jaspis, *Heliotrop* oder *Blutjaspis* ein grüner Jaspis mit roten Eisenoxid-Flecken.
Katzenauge oder *Quarzkatzenauge* nennt man einen dichten Quarz, der faserige Hornblende-Einschlüsse enthält und, als Cabochon geschliffen, den typischen Katzenaugen-Effekt zeigt.
Tigerauge ist ein Quarz, der zahlreiche, faserige, goldgelb oxidierte Einlagerungen von Krokydolith enthält, die ihm in geschliffenem Zustand einen schönen, wogenden Lichtschimmer geben.
Ist der Krokydolith nicht oxidiert, sondern schön stahlblau, so nennt man solche Bildungen *Falkenauge*.
Beide Steine können auch gebrannt werden, daraufhin nehmen sie eine intensiv rotbraune Farbe an und werden dann manchmal als *Ochsenauge* bezeichnet.
Tigereisen ist ein Stein, bei dem tigeraugenähnliche Lagen mit reinen Eisenoxidlagen wechseln.
Aventurin ist ein grünlicher Quarz, in dem winzige Glimmerschüppchen eingewachsen sind, die ihm einen leicht metallischen Schimmer verleihen.
Karneol ist ein roter bis rotbrauner, durchscheinender Chalcedon.
Onyx ist ein schwarzer Chalcedon, der auch schwarzweiß gebändert sein kann.
Sarder ist ein brauner bzw. braunweiß gebänderter Chalcedon.

1. Karneol, Cabochon
2. Tigerauge, Cabochon
3. Sarder
4. Moosachat, Cabochon
5. Moosachat-Schmuck

1/2

3/4

5

Moosachat ist kein eigentlicher Achat, sondern ein farbloser bis durchscheinender, weißlicher Chalcedon, der rötliche (oxidierte) und grüne Chlorit-Einlagerungen enthält, die moosähnliche Strukturen im Stein erzeugen.

Unterscheidung: Die meisten Chalcedone sind wegen ihrer speziellen Farben und Strukturen unverwechselbar. Karneol ist im Gegensatz zum gleichfarbigen Jaspis immer zumindest an den dünnen Rändern durchscheinend.

Weiß und braun gestreifte Sinterbildungen aus Calcit werden oft fälschlich als Onyx bezeichnet und unter diesem Namen zu zahlreichen Gegenständen, wie Tierfiguren, Schachspiele, Vasen, Schalen etc. verarbeitet. Sie unterscheiden sich aber sofort durch ihre geringe Härte und die Tatsache, daß sie beim Betupfen mit verdünnter Salzsäure stark aufbrausen.

Verarbeitung: Alle Chalcedone werden zu Cabochons und Kugeln für Steinketten verarbeitet. Häufig stellt man auch kunsthandwerkliche Gegenstände wie Vasen, Schalen, Plastiken etc. her.

Chalcedone können in nahezu jedem gewünschten Ton eingefärbt werden. Durch Einlegen in Farblösungen und manchmal auch durch nachfolgendes Brennen lassen sich die verschiedensten, in der Natur selten vorkommenden Farben erzeugen.

Früher stellte man tiefschwarzen »Onyx« durch Einlegen von Chalcedon in Honig oder Zuckerlösung, die in die feinen Poren des Steins eindringen konnten, her. Durch spätere Behandlung mit Schwefelsäure wird der in den Poren festgehaltene Honig verkohlt und färbt so den Stein schwarz.

Der Name Chalcedon leitet sich von einer Stadt der griechischen Antike her, die am Bosporus lag, und in deren Nähe dieser Stein vorgekommen sein soll.

Der Name Karneol kommt vom lateinischen Wort »carnis« für Fleisch, wohl wegen seiner rötlichen Farbe.

Der Name des Heliotrops (aus griechisch »helios« und »tropos«, frei übersetzt »der sich zur Sonne wendet«) läßt sich heute nicht mehr erklären. Im Mittelalter war der Stein in der abendländischen Kultur besonders beliebt, da man die roten Flecken mit den Blutstropfen Christi verglich und deshalb dem Stein besondere magische Kräfte zuschrieb.

Der Aventurin hat seinen Namen deshalb, weil er einer Anfang des 18. Jahrhunderts in Italien per Zufall entdeckten, besonders schönen Glassorte gleichen Namens ähnelt. »Per Zufall« heißt im Italienischen nämlich »a ventura«.

1. Jaspis, Cabochon
2. Gestreifter Onyx, Cabochon
3. Landschaftsjaspis
4. Onyx, Cabochon
5. Chrysopras, Polen
6. Streifenchalcedon, Cabochon
7. Heliotrop, Cabochon
8. Chrysopras, Cabochon

1/2

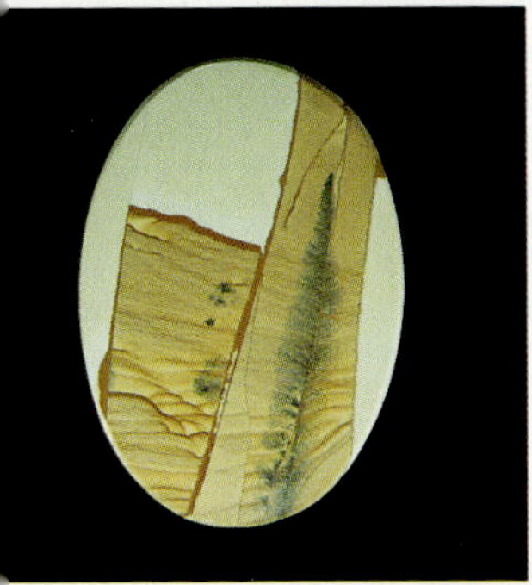

3/4

5/6

7/8

Achat

Härte: $6^1/_2$ – 7
Dichte: 2,65
Chemische Formel: SiO_2
Kristallform: trigonal
Farbe: Weiß, grau, blau, grün, rot, braun, gelb, schwarz; undurchsichtig. Glasglanz.
Vorkommen: Achat ist ein meist mehrfach gebänderter Chalcedon, der unterschiedliche, mit dem bloßen Auge sichtbare Mineraleinschlüsse enthalten kann. Im Rohzustand sind Achate in der Regel völlig unscheinbare, mehr oder weniger runde Aggregate mit einer meist recht unschönen Außenschicht. Erst, wenn man sie auseinanderschneidet, kommt die im Innern verborgene Schönheit einer sogenannten »Achatmandel« ans Tageslicht.
Achate kommen hauptsächlich in vulkanischen Gesteinen vor, wo sie Hohlräume ehemaliger Gasblasen ausfüllen. Sie können außerordentlich vielfältig in Farbe und Form sein.
Varietäten: Als *Festungsachate* bezeichnet man Achate, deren Schichten mehr oder weniger konzentrisch die Wände des Hohlraums, den sie ausfüllen, nachzeichnen.
Augenachate sind Steine, die im Querschnitt konzentrische, kreisförmige, augenähnliche Strukturen aufweisen.
Landschaftsachate zeigen im Querschnitt rote und gelbe, landschaftsähnliche Zeichnungen auf einem durchscheinenden Untergrund.
Der *Dendritenachat* enthält braune, oft an Pflanzen oder Bäume erinnernde Dendriten, die aus in Rissen und Spalten eingedrungenen eisen- und manganhaltigen Lösungen entstanden sind.
Von *Trümmerachaten* spricht man, wenn einzelne Achatbruchstücke durch jüngeren Chalcedon oder Achat wieder verkittet werden.
Als *Uruguay-Achate* bezeichnet man Achate, die im Inneren einer konzentrischen Außenschale parallele Lagen zeigen. Diese Lagen bildeten sich – wie eine Wasseroberfläche – immer parallel zur Erdoberfläche und zeigen deshalb wie eine eingefrorene Wasserwaage an, wie der Achat zum Zeitpunkt seiner Bildung im Gestein eingebettet war.
Unterscheidung: Die meisten Achate sind wegen ihrer typischen Struktur unverwechselbar. Landschaftsachat ist im Gegensatz zum Landschaftsjaspis immer durchscheinend. Konzentrisch gebildete Calcite oder Aragonite sind viel weicher und brausen beim Betupfen mit verdünnter Salzsäure stark auf.
Verarbeitung: Achat wird zu Cabochons, häufiger zu Kugeln für Steinketten verarbeitet. Daneben ist er ein bevorzugtes Arbeitsmaterial der Steinschneidekunst und dient zur Herstellung von kunsthandwerklichen Gegenständen.
Lagensteine sind Steine, die

1. Achat, Botswana
2. Dendritenachat
3. Achat, Idar-Oberstein

1

2/3

man aus großen Achaten (besonders den sogenannten Uruguay-Achaten) schneidet, um Stücke mit besonders exakter paralleler Bänderung mit verschiedenfarbigen, meist abwechselnd hellen und dunklen Lagen zu erhalten. Diese Steine werden zur Herstellung von Gemmen und Kameen verwendet. Je nachdem, wie tief man schneidet, und welche Schicht man freilegt, ergeben sich helle oder dunkle, verschiedenfarbige Konturen. Durch besonders geschickte Auswertung der Gegebenheiten des jeweiligen Steines lassen sich richtige Kunstwerke herstellen. Je mehr Schichten ein solcher Lagenstein aufweist, um so wertvoller ist er. Die berühmteste Gemme ist die »Gemma Augustea«, ein römisches Kunstwerk, das sich im kunsthistorischen Museum in Wien befindet.

Achate entstanden immer bei recht niedrigen Temperaturen (meist deutlich unter 200 °C) aus kieselsäurereichen Gelen, die Hohlräume ausfüllten. Dabei begann die Kristallisation der einzelnen Sphärolithe naturgemäß an der Wand der Hohlräume, was bei relativ ungestörtem Wachstum zu den typischen konzentrischen Bildungen der Achate führt. Dabei sind die Bildungsbedingungen von Hohlraum zu Hohlraum verschieden und unabhängig voneinander. So wurden in manchen Gesteinen nur wenige Millimeter voneinander entfernte Achate gefunden, die völlig unterschiedliches Aussehen hatten und demzufolge auch unter ganz verschiedenen Bildungsbedingungen entstanden sind. Auch wenn sich die schönsten Achate meist in vulkanischen Gesteinen finden, ist das nicht Vorbedingung. Achate wurden auch schon als Hohlraumfüllungen in Sedimentgesteinen, in versteinerten Hölzern, ja selbst im Bernstein nachgewiesen.

Achat wird, wie der Chalcedon und der Jaspis, sehr häufig gefärbt. Bevorzugte Farben, die beim natürlichen Achat seltener vorkommen und daher künstlich hergestellt werden, sind Schwarz, Grün und Rot.

Der Begriff Achat ist für immer mit dem Namen des Ortes Idar-Oberstein in Deutschland verbunden. Bis ins 19. Jahrhundert hinein waren die dortigen Lagerstätten die bedeutendsten Vorkommen von Achat, und im Laufe der Jahrhunderte entwickelte sich eine echte Achat-Schleifindustrie. 1548 wird hier die erste Achatschleife erwähnt, bereits 1609 gab es eine erste Zunftordnung der Schleifer. Kunstgegenstände aus Idar-Obersteiner Achat und gefertigt von Idar-Obersteiner Achatschleifern waren in allen Fürstenhäusern Europas begehrt. Besonders beliebt waren Tabakdosen, auch Mozart soll eine solche Dose aus Idar-Obersteiner Achat besessen haben. Später, zu Zeiten der Kolonialherr-

1. Schmuck aus Landschaftsjaspis

2. Achat, Brosche

3. Dendritenachat, Anhänger

1

2/3

schaft, besaß Idar-Oberstein das Monopol in der Herstellung von Steingeld für die afrikanischen Besitztümer der europäischen Staaten.

Im 19. Jahrhundert wurden dann die großen brasilianischen Achat-Vorkommen entdeckt – und zwar von ausgewanderten Achatschleifern aus Idar-Oberstein, die als Musiker durchs Land zogen und die ersten Achatproben nach Hause schickten! Von nun an verloren die deutschen Achatvorkommen völlig an Bedeutung, verarbeitet wurde nur mehr importierte Ware. Da diese aber bald in sehr großen Mengen verfügbar war, konnte sich Idar-Oberstein jetzt zu einem regelrechten Schleifzentrum ausweiten. Immer mehr Schleifen wurden aufgebaut, bald gab es nicht mehr nur Betriebe für das Schleifen von Achaten, sondern auch von anderen Schmuck- und Edelsteinen. Die brasilianischen Achate erschienen zwar im Urzustand fast immer nur häßlich grau und ohne schöne Bänderung, sie ließen sich aber, im Gegensatz zu den Idar-Obersteiner Achaten, sehr gut färben. In Familienbetrieben wurden »Rezepte« für besonders schöne und gesuchte Farben eifersüchtig gehütet und immer nur an die ältesten Söhne weitervererbt. Die eine Familie konnte dann eben besonders gut rot, die andere vor allem sehr schön blau färben. Heute, im Zeitalter der chemisch hergestellten, künstlichen Farbstoffe haben sich diese Abgrenzungen wieder verwischt.

Der Name des Achats soll sich von einem in der Antike bekannten sizilianischen Fluß namens Achates ableiten, in dessen Flußbett der Stein angeblich gefunden wurde. Die genaue Identität des Flusses ist aber heute nicht mehr zu klären.

Fundstellen schöner Achate gibt es auf allen Kontinenten, in den USA und in Mexiko, in der Mongolei, in Rußland, Indien, Madagaskar, Botswana, Australien usw., aber die weltweit einzigen Lagerstätten, die Material für den Weltmarkt liefern, liegen in Südamerika, in Südbrasilien und Uruguay.

Wegen seiner Härte, Zähigkeit und Beständigkeit gegen Chemikalien wird Achat auch viel in Industrie und Technik verwendet. Man stellt daraus verschiedenste Laborgeräte, z. B. Mörser, Reibschalen und Pistille, Lagersteine für Waagen, Walzen, Geräte für die textilverarbeitende Industrie und vieles mehr her.

1. Dendritenachat
2. Dendritenachat
3. Landschaftsachat
4. Landschaftsachat
5. Achat, Brasilien

1/2

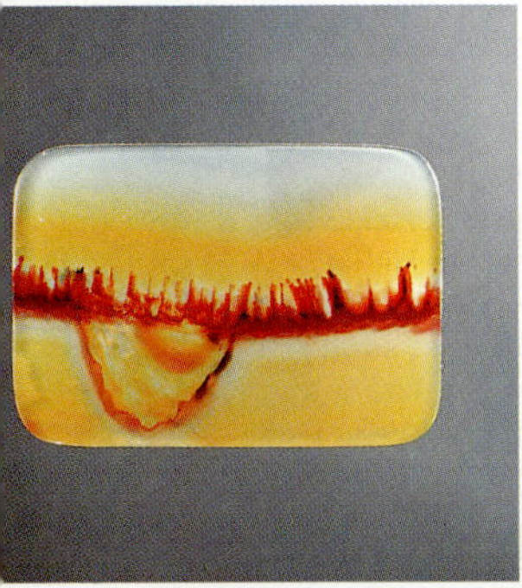

3/4

5

Opal

Härte: 5 – 6 1/2
Dichte: 1,98 – 2,20
Chemische Formel: SiO_2 +aq.
Kristallform: amorph
Farbe: Farblos, weiß, rot, braun, schwarz, oft mit buntem Farbenspiel; durchsichtig bis undurchsichtig. Glasglanz.
Vorkommen: Opal entsteht bei der Ausfällung von Kieselsäure aus SiO_2-reichen Lösungen in Sandsteinen oder in vulkanischen Gesteinen. Auch in Thermalquellen kann Opal abgesetzt werden.
Varietäten: Es gibt sehr viele Varietäten von Opal. Der Großteil des in der Natur vorkommenden Opals ist undurchsichtig; er wird als *gemeiner Opal* oder *Halbopal*, je nach seiner Färbung auch als *Holzopal* oder *Milchopal* bezeichnet und ist für das Schleifen nicht geeignet. Zu Schmuckzwecken wird vor allem der *Edelopal* verwendet, der ein in vielen Tönen schillerndes Farbenspiel zeigt.
Dabei unterscheidet man folgende Typen des Edelopals:
Beim *Weißen Opal* ist das Hintergrundmaterial, auf dem das Farbenspiel zu sehen ist, weiß.
Als *Schwarzer Opal* werden alle Opale mit einem dunklen (blau, braun, schwarz etc.) Hintergrund bezeichnet.
Grauer Opal zeigt eine graue Hintergrundfarbe mit buntem Farbenspiel.
Beim *Harlekin-Opal*, der äußerst wertvoll ist, sind die einzelnen Farbtupfer geometrisch (z. B. quadratisch oder rechteckig) angeordnet.
Boulder-Opal ist eine Variante des Edelopals von meist dunkler Farbe mit lebhaftem Farbenspiel. Sie füllt Risse in braunem Eisenstein aus und wird mit dem braunen Nebengestein verschliffen. Solche Opale nennt man auch *Matrix-Opale.* Intensiv leuchtende Edelopale als Füllung in kugeligen Eisenoxid-Konkretionen werden nach ihrem Fundort in Australien und ihrem typischen Aussehen (braune Schale, bunter Kern) auch *Yowah-Nüsse* genannt. Man verschleift sie mit der braunen Hülle.
Feueropal ist rot bis orange gefärbt, durchscheinend bis durchsichtig und teilweise mit, teilweise ohne Farbenspiel.
Wasser- oder *Kristallopal* wird ein klar durchsichtiger Edelopal genannt.
Hyalit ist ein farbloser, durchsichtiger Opal ohne Farbenspiel, der häufig in Hohlräumen vulkanischer Gesteine auftritt und dort kugelige, nierige Aggregate bildet, die oft wie eingetrockneter, festgewordener Klebstoff aussehen.
Unterscheidung: Gemeiner Opal ist häufig von Jaspis nicht zu unterscheiden. Die Edelopale sind durch ihr Farbenspiel unverwechselbar. Rhodochrosit ist sehr viel weicher als Feueropal.
Verarbeitung: Edelopale werden zu Cabochons geschliffen,

1. Yowah-Opal, Australien
2. Yowah-Opal, Australien
3. Edelopal, Australien
4. Matrix-Opal, Australien
5. Opal-Schmuck

1

2/3

4/5

deren meist unregelmäßige Formgebung immer so gestaltet ist, daß der geschliffene Stein ein optimales Farbenspiel zeigt. Durchsichtiger Feueropal wird oft facettiert geschliffen. Nur wenn er ein Farbenspiel aufweist, schleift man Cabochons. Hyalit verarbeitet man im allgemeinen nicht für Schmuckzwecke.

Pflege: Opal ist sehr empfindlich gegen Hitze und mechanische Beanspruchung, er ist einer der empfindlichsten Edelsteine überhaupt. Er sollte deshalb nie mit Öl oder scharfen Reinigungsmitteln in Berührung gebracht werden. Beim Tragen von Opal-Ringen muß immer sehr darauf geachtet werden, nirgends anzuschlagen.

Edelopal von guter Qualität mit schönem Farbenspiel ist sehr wertvoll. Aus diesem Grund versucht man, auch noch dünnste Plättchen, sogenannte Chips, zu verarbeiten, die für sich allein nicht zu fassen wären. Aus kleinen Stücken werden dünne Plättchen geschliffen, die man mit einer Lage anderen, meist dunklen Materials unterlegt. So hergestellte Steine nennt man Dubletten. Sie sind wesentlich weniger wertvoll als reiner Opal. Werden diese Dubletten noch zum Schutz vor Beschädigung mit einem flachen, durchsichtigen Cabochon, beispielsweise von Bergkristall, überklebt, so entsteht daraus eine Triplette. Preiswerter Opalschmuck wird immer mit Dubletten bzw. Tripletten hergestellt. Im ungefaßten Zustand erkennt man beim Betrachten von der Seite sofort die Klebestelle.

Von der Antike bis in die Neuzeit hinein war Cerwenica, früher Ungarn, heute in der Slowakei gelegen, der einzige Fundort für schöne Edelopale. Bereits die Römer importierten diesen Opal, die römische Oberschicht zahlte hohe Preise für diese Steine. Bis Ende des vorigen Jahrhunderts waren die »ungarischen Opale« weltweit berühmt und beliebt.

Der Abstieg kam erst mit der Entdeckung der reichen und großen australischen Lagerstätten, die mit ihren Mengen an guten Steinen die ungarische Konkurrenz regelrecht erdrückten. 1932 wurde deshalb der Abbau in Cerwenica endgültig eingestellt. Heute ist dieser Ort fast vergessen, bei Edelopal denkt man nur mehr an Namen wie Andamooka, Lightning Ridge oder Coober Pedy, alles Opal-Fundgebiete in Australien.

Im Gegensatz zu den europäischen Lagerstätten, wo die Opale in vulkanischen Gesteinen vorkommen, werden die australischen Opale in Sedimentgesteinen, z. B. Sandsteinen, gefunden. Sogar in Opal umgewandelte Schnecken, Muscheln und Baumzapfen hat man dort entdeckt!

1. Hyalit, Tschechien
2. Edelopal, Cabochon
3. Feueropal, Cabochon
4. Edelopal
5. Feueropal, Mexiko

1/2

3/4

5

Türkis

Härte: 6
Dichte: 2,50 – 2,85
Chemische Formel:
$CuAl_6[(OH)_2/PO_4]_4 \cdot H_2O$
Kristallform: triklin
Farbe: Türkisblau, seltener grünlich, häufig mit schwarzer Äderung; undurchsichtig. Wachsglanz bis matt.
Vorkommen: Türkis tritt nur äußerst selten in winzigen Kristallen auf. Meist bildet er derbe, oft knollige Massen auf Klüften und Spalten in zersetzten, aluminiumreichen Gesteinen. Türkis, der von anderen Mineralien aderförmig durchwachsen ist, wird als Türkismatrix oder Matrix-Türkis bezeichnet.
Unterscheidung: Mit Kunstharz getränkter Türkis weist beim Ritzen mit einer glühenden Nadel eine deutliche Ritzspur und Harzgeruch auf, ebenso verhält sich mit Kunstharz verfestigtes Türkispulver. Gefärbter Magnesit ist weicher und verfärbt sich beim Betupfen mit Salzsäure.
Verarbeitung: Türkis wird immer zu Cabochons (Ringe, Broschen) oder Kugeln (Ketten) verarbeitet. Besonders die Indianer in den südlichen USA verarbeiten sehr viel Türkis mit Silber zu typischen Schmuckstücken, die auch in Europa als »Indianerschmuck« weithin bekannt und beliebt sind.
Pflege: Türkis ist sehr empfindlich gegen äußere Einflüsse. Vor allem Fette, wie Hautcremes oder Sonnenöl, verwandeln seine schöne blaue Farbe in ein unattraktives Grün. Nur in seltenen Fällen kann man dann die Farbe durch Einlegen in Lösungsmittel wieder einigermaßen herstellen.

Kein Stein wird so selten in seinem wirklichen Original-Zustand verarbeitet, an keinem Stein wird soviel herummanipuliert, wie am Türkis. Vor allem in den USA, wo er sehr häufig vorkommt, gibt es ganze Technologien und »Ideologien«, wie man Türkis verarbeitet. Häufig ist Türkis porös und bröselig, dann wird er durch Tränken mit Kunstharz verfestigt. Blasse bis fast weißliche Türkise werden natürlich nach Wunsch gefärbt. Aus winzigen Türkisteilchen und Türkispulver lassen sich durch Verpressen mit Kunstharz massive Steine herstellen. Man nennt das »rekonstruierten Türkis«. Auch die typische Struktur der Türkismatrix läßt sich durch Zugabe entsprechender schwarzer Substanzen herstellen. Eine ganze Reihe anderer Mineralien, bevorzugt z. B. dichter, knolliger Magnesit, kann durch Färben in sehr türkisähnliches Material verwandelt werden. Oft stellt man dann beim Auseinanderbrechen fest, daß die Färbung nur oberflächlich eingedrungen und der Stein im Innern noch völlig weiß ist.

1. Matrix-Türkis
2. Türkis, Cabochon
3. Türkis, Cornwall

1

2/3

Rhodochrosit

Manganspat
Himbeerspat

Härte: 4
Dichte: 3,45 – 3,70
Chemische Formel: $MnCO_3$
Kristallform: trigonal
Farbe: Verschiedene Rosatöne, hellrot, oft mit deutlicher Bänderung; meist undurchsichtig, selten durchscheinend bis durchsichtig, dann intensiv rot. Glasglanz.
Vorkommen: Rhodochrosit bildet rhomboedrische oder skalenoedrische Kristalle, kugelige Aggregate (Himbeerspat), nierige bis stalaktitische Formen und gebänderte Massen. Er findet sich besonders in hydrothermalen Erzgängen, oft als junge Bildung andere Mineralien überkrustend. Auf Klüften in Manganerz-Lagerstätten formt Rhodochrosit schöne, tiefrot gefärbte Kristalle. Häufig kommt er auch in subvulkanischen Lagerstätten zusammen mit Wolframmineralien vor.
Unterscheidung: Der gebänderte Rhodochrosit ist unverwechselbar, Rhodonit ist deutlich härter und dunkler rot. Feueropal ohne Farbenspiel ist viel härter.
Verarbeitung: Rhodochrosit wird als undurchsichtiger Stein meist zu Cabochons oder Kugeln für Steinketten verarbeitet. Dazu werden vor allem die gebänderten Varietäten verwendet, da sie eine besonders schöne Zeichnung aufweisen. Diese dienen auch zur Herstellung größerer Gegenstände (Kugeln, Schalen, Aschenbechern), weil dabei die schöne Zeichnung besonders gut zur Geltung kommt.
Aus den klaren, durchsichtigen Kristallen schleift man hin und wieder auch facettierte Steine, die wegen der geringen Härte aber kaum zu Schmuck verarbeitet werden, sondern eher als Sammelobjekte dienen.

Das bedeutendste Vorkommen von Rhodochrosit ist eine alte Silbermine in Argentinien, die im 13. Jahrhundert von den Inkas abgebaut wurde. Erst nachdem die Mine verlassen war, hat sich der Rhodochrosit in tropfsteinartigen Gebilden entwickelt. Von dort wird auch heute noch die ganze Welt mit besonders schönem, gebändertem Rhodochrosit beliefert.
Hervorragende Kristalle bis über 10 cm Kantenlänge, aus denen auch die weltgrößten facettierten Rhodochrosite, die sich jetzt im Smithsonian Museum, Washington, USA, befinden, geschliffen wurden, fand man in einer kleinen Mine in den Bergen Colorados. Ähnlich gutes Material stammt aus Peru und aus den südafrikanischen Manganlagerstätten in der Kalahari-Wüste.

1. Rhodochrosit-Kristalle, Siegerland
2. Rhodochrosit, Cabochon
3. Rhodochrosit, facettiert
4. Rhodochrosit, Cabochon
5. Rhodochrosit-Kristalle, Siegerland

1/2

3/4

5

Rhodonit

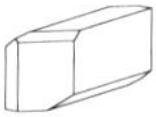

Härte: $5^1/_2 - 6^1/_2$
Dichte: 3,73
Chemische Formel:
$CaMn_4[Si_5O_{15}]$
Farbe: Rot, fleischrot, rosa, oft mit leicht bläulichem Stich, schwarze Äderung durch Manganoxide; durchscheinend bis undurchsichtig. Glasglanz.
Vorkommen: selten gut ausgebildete, tafelige Kristalle, sehr viel häufiger sind körnige, derbe Massen, die oft von Adern schwarzer Manganoxide durchsetzt sind. Rhodonit kommt hauptsächlich in metamorphen Manganlagerstätten vor, dort auch in größeren Massen.
Unterscheidung: Eine Verwechslung ist kaum möglich; Rhodochrosit ist immer reiner rosa, er zeigt nie einen Blaustich und keine schwarze Äderung.
Verarbeitung: Nur die körnigen Aggregate von Rhodonit werden verschliffen. Rhodonit wird hauptsächlich zu Kugeln für Steinketten, daneben auch zu Cabochons verarbeitet. Dabei wird die schwarze Äderung nicht als Fehler, sondern durchaus als belebendes, farbliches Element angesehen. Aus größeren Rhodonit-Blöcken stellt man auch kunsthandwerkliche Gegenstände wie Schalen, Figuren, Intarsien oder Wandverkleidungen her.

Eine der berühmtesten Rhodonit-Lagerstätten liegt in Rußland, bei Jekaterinenburg im Ural. Dort wurden sehr große Blöcke dieses dekorativen Materials gefunden, so daß im Rußland des Zarenreichs Rhodonit als außerordentlich beliebter Stein für Vasen, Dosen oder Wandvertäfelungen verwendet wurde. Das berühmte Fersman Museum in Moskau hütet einen echten Schatz, eine über 4 Zentner schwere Vase, die aus einem Block Rhodonit geschliffen wurde. Auch eine Station der Moskauer U-Bahn, die Station Majakowskaja, ist mit Rhodonit-Tafeln ausgekleidet.

Der Name Rhodonit kommt vom griechischen Wort für Rose (rhodon), gemeint ist damit wohl seine Farbe.

Rhodonit kommt in metamorphen Manganlagerstätten vor, wo er, zusammen mit anderen Manganmineralien, manchmal sogar als Manganerz gewonnen wird.

Erst in den letzten Jahren hat man festgestellt, daß es sich bei manchen vermeintlichen Rhodoniten nicht um dieses Mineral, sondern um den etwas anders zusammengesetzten Pyroxmangit handelt. Dies ändert allerdings nichts an der schönen Farbe und guten Verarbeitbarkeit des Materials, das trotzdem im geschliffenen Zustand als Rhodonit auf den Markt kommt.

1. Rhodonit, Cabochon
2. Rhodonit, Cabochon
3. Rhodonit-Kristall, Australien
4. Rhodonit-Platte
5. Rhodonit-Kristalle, Schweden

1/2

3/4

5

Sodalith

Härte: 5 – 6
Dichte: 2,3
Chemische Formel:
$Na_8[Cl_2/(AlSiO_4)_6]$
Kristallform: kubisch
Farbe: Farblos, weiß, grau, dunkelblau, mit Stich ins Violette; undurchsichtig. Glasglanz, an Bruchstellen fettglänzend.
Vorkommen: Sodalith bildet in vulkanischen Gesteinen winzige Kristalle in Hohlräumen. In magmatischen Gesteinen ist er meist eingewachsen und oft sehr unscheinbar. Nur die auffällig blaue Varietät, die meist weiße Einsprenglinge und Adern aufweist und in größeren derben Massen vorkommen kann, wird als Schmuckstein verwendet. Die Hauptfundorte für blauen Sodalith, der für Schleifzwecke geeignet ist, liegen in Brasilien, Namibia und Ontario, Kanada.
Unterscheidung: Lapis-Lazuli ist mehr tintenblau und zeigt fast immer goldgelbe Pyrit-Einsprenglinge, die dem Sodalith meist fehlen. Azurit ist deutlich weicher und braust beim Betupfen mit verdünnter Salzsäure auf.
Verarbeitung: Sodalith wird zu Cabochons und vor allem zu Kugeln für Steinketten verarbeitet. Daneben stellt man aus Sodalith auch kunsthandwerkliche Gegenstände wie Figuren, Aschenbecher, Intarsien, Dosen etc. her. Wegen der großen erhältlichen Rohstücke verwendet man Sodalith manchmal auch als Dekorationsstein und für Intarsienarbeiten an Stelle des ähnlichen, aber viel teureren Lapis-Lazuli.
Pflege: Sodalith ist nicht so empfindlich wie der Lapis-Lazuli, wird wegen seiner relativ geringen Härte allerdings leicht matt und verkratzt leicht. Er ist deshalb als Ringstein nicht so geeignet.

Der Name des Sodaliths bezieht sich auf seinen hohen Natrium-Gehalt (engl. sodium = Natrium). Mineralogisch ist er mit dem im Aussehen sehr ähnlichen, allerdings viel wertvolleren Lapis-Lazuli nahe verwandt. Bei Bestrahlung mit UV-Licht fluoresziert Sodalith meistens sehr stark. Weil sich Sodalith nicht selten in großen Blöcken findet, ist er ein beliebter Ornament- und Dekorationsstein.
Ein in Brasilien vorkommendes Gestein, das viele Einsprenglinge von blauem Sodalith enthält, wird im Baugewerbe häufig zu Dekorationszwecken verwendet.
Auch in Grönland gibt es Gesteine, die bis zu 60% Sodalith enthalten, der allerdings meist nicht so schön blau wie der brasilianische ist.

1. Sodalith, Brasilien
2. Sodalith, Cabochon
3. Sodalith, Brasilien

1

2/3

Lapis-Lazuli

Lasurit

Härte: 5 – 6
Dichte: 2,38 – 2,42
Chemische Formel:
$Na_8[S/(AlSiO_4)_6]$
Kristallform: kubisch
Farbe: Blau, oft mit weißen und goldfarbenen Einschlüssen; undurchsichtig. Glasglanz.
Vorkommen: Lapis-Lazuli bildet selten gut ausgebildete Kristalle, die in Marmor eingewachsen sind. Meist werden nur mehr oder weniger reine, derbe Massen gefunden. Verwachsen ist der Lapis-Lazuli oft mit weißem Calcit und goldgelbem Pyrit, dessen Vorhandensein ein Hinweis für die Echtheit des Steins ist. Wirklich guter, tiefblauer Lapis-Lazuli findet sich praktisch nur in den afghanischen Vorkommen, während die russischen und chilenischen Vorkommen meist nur blasseres und minderwertigeres Material liefern.
Unterscheidung: Sodalith ist mehr dunkelblau mit leicht violettem Stich, er hat meist keine Pyrit-Einschlüsse. Azurit ist viel weicher und braust beim Betupfen mit verdünnter Salzsäure auf.
Weniger schön blauer Lapis-Lazuli wird gern durch Einlegen in Farblösungen gefärbt. Dies läßt sich aber durch Abreiben mit Alkohol oder Aceton leicht feststellen, gefärbte Steine färben dabei den Wattebausch blau. Gefärbter Jaspis, der als Imitation von Lapis-Lazuli dient, hat keine Pyrit-Einschlüsse, dagegen aber meist Einlagerungen oder feine Adern von Quarz. Er wird oft als »Deutscher Lapis« bezeichnet. Seine Farbe ist aber nicht sehr beständig, sie kippt im Laufe der Zeit in schmutziges Blau, Grün und letztendlich Grau um. Blauer synthetischer Spinell unterscheidet sich durch die deutlich höhere Härte und den fehlenden Pyrit. Kunstharz mit eingebetteten gepulverten Lapis-Lazuli-Resten ist deutlich leichter und weicher als natürlicher Lapis-Lazuli. Es werden auch künstliche Imitationen von Lapis-Lazuli hergestellt. Um Echtheit vorzutäuschen, schließt man in dieses Imitat zerstoßenen Pyrit ein, der aber unter der Lupe als Bruchstücke erkennbar ist, während sich im echten Lapis-Lazuli immer wieder gewachsene Kristall-Querschnitte finden.
Verarbeitung: Lapis-Lazuli wird zu Cabochons und Kugeln für Steinketten verarbeitet. Daneben stellt man oft auch kunsthandwerkliche Gegenstände wie Figuren, Vasen und Schalen aus Lapis-Lazuli her. Häufiger wird Lapis-Lazuli auch zur Herstellung von Gemmen und Kameen verwendet.
Pflege: Lapis-Lazuli ist besonders gegen Säuren, aber auch Seifen und sogar heißes Wasser sehr empfindlich. Ringe mit Lapis-Lazuli-Steinen müssen vor dem Waschen oder bei Hausarbeiten immer abgenom-

1. Lapis-Lazuli-Kristall, Afghanistan
2. Lapis-Lazuli-Kristalle, Afghanistan
3. Lapis-Lazuli, Cabochon

1

2/3

men werden. Darüber hinaus ist Lapis-Lazuli auch ziemlich druck- und stoßempfindlich.

Gemahlenen Lapis-Lazuli verwendete man früher als hochwertige, blaue Malfarbe. Im Gegensatz zum Azurit wird er nicht im Laufe der Zeit grün. Allerdings war das Material wegen der langen Transportwege immer außerordentlich teuer, und nur berühmte oder reiche Maler konnten es sich leisten, mit diesem auch als Ultramarin bezeichneten Farbstoff zu malen.

Lapis-Lazuli ist einer der ältesten Schmucksteine. Bereits die alten Sumerer, Babylonier und Assyrer verwendeten das Mineral für Talismane, Ringsteine oder Rollsiegel. Im Ägypten der Pharaonenzeit galt gepulverter Lapis-Lazuli als exklusive Augenschminke, die wegen des extrem hohen Preises natürlich nur der Oberschicht vorbehalten war.

Da Lapis-Lazuli in verhältnismäßig großen Stücken zur Verfügung steht, wurde er schon frühzeitig für kunsthandwerkliche Gegenstände, Intarsien und sogar Wandverkleidungen benutzt. Im russischen Zarenreich diente Lapis-Lazuli geradezu verschwenderisch zur Ausgestaltung und Vertäfelung ganzer Räume, z. B. in St. Petersburg oder im Zarenpalast in Puschkin. Nahezu der gesamte hochwertige Lapis-Lazuli, auch der in der Antike verwendete, stammt aus der einzigen Lagerstätte von Sar-e-Sang in der afghanischen Provinz Badakhshan, die bereits seit über 6000 Jahren abgebaut wird. Seit damals gibt es auch den Handel mit Lapis-Lazuli, der über viele Tausende von Kilometern bis nach Europa gebracht wurde – zur damaligen Zeit eine geradezu unvorstellbare Leistung. Seit Ausbruch der kriegerischen Auseinandersetzungen in Afghanistan liegt der Abbau brach, der Preis von qualitativ hochwertigen, tiefblauen Rohsteinen ist seither deutlich gestiegen.

Der Name Lapis-Lazuli ist eine Kombination des lateinischen Wortes für Stein (= lapis) und eines Begriffs aus der persischen Sprache für die Farbe blau (= azul). In der Antike und im Mittelalter wurde der Lapis-Lazuli auch Saphir genannt, ein Name, der heute einen ganz anderen Edelstein bezeichnet. Damals war man auch der Meinung, daß der Lapis-Lazuli, als Talisman getragen, vor Verwundungen im Krieg schützte.

1. Steinschnitzerei (Ente) aus Lapis-Lazuli und Lapis-Ketten
2. Lapis-Lazuli-Gemme, Anhänger
3. Lapis-Lazuli-Schmuck (Ketten, Ring, Anhänger)

1

2/3

Feldspat

Härte: 6
Dichte: 2,57 – 2,62
Chemische Formel: $KAlSi_3O_8$ (Kalifeldspat), $NaAlSi_3O_8$ (Albit), $CaAl_2Si_2O_8$ (Anorthit)
Kristallform: monoklin und triklin
Farbe: Farblos, weiß, rosa, rötlich, braun, gelb, grün, schwarz; durchsichtig bis undurchsichtig. Glasglanz.
Vorkommen: Feldspat ist ein gesteinsbildendes Mineral, das in Tiefengesteinen, insbesondere Granit, vulkanischen und metamorphen Gesteinen eingewachsen ist. Kristalle finden sich besonders in Hohlräumen und Klüften dieser Gesteine, in Pegmatitdrusen und auf alpinen Klüften.
Varietäten: Feldspäte, die besondere Farben bzw. Farbeffekte zeigen, werden für Schmuckzwecke geschliffen.
Amazonit ist ein grüner, undurchsichtiger Feldspat, der besonders in Pegmatiten vorkommt, in deren Drusen und Hohlräumen er schöne Kristalle bildet. Die besten Stücke kommen aus Brasilien, Namibia, Norwegen, Rußland und den USA.
Mondstein wird ein farbloser bis milchig-weißer oder bräunlicher Feldspat genannt, der einen typischen, bläulichweißen Lichtschein aufweist. Er wird besonders in Indien und Sri Lanka (Ceylon) gefunden.
Labradorit ist ein Feldspat von schwarzer, grauer oder brauner Grundfarbe, der bei Betrachtung aus einer bestimmten Richtung einen intensiven, meist blauen, seltener auch mehrfarbigen Farbschimmer zeigt. Steine, die in den verschiedenen Farben des Spektrums schillern, werden auch *Spektrolith* genannt. Gutes Material kommt aus Finnland, Rußland, Madagaskar und Kanada.
Orthoklas oder *Kalifeldspat* findet sich besonders in Graniten und Pegmatiten. Meist ist er undurchsichtig und weiß, beige oder rosa bis fleischrot gefärbt. Selten finden sich gelbe, durchsichtige Kristalle, die dann für Schmuckzwecke verschliffen werden. Sie kommen nahezu ausschließlich von Madagaskar.
Sanidin ist ein Kalifeldspat, der nur in vulkanischen Gesteinen vorkommt. Meist bildet er dort kleine Kristalle, es gibt aber Fundorte, wie z. B. Volkesfeld in der Eifel, die größeres, facettierbares Material geliefert haben. Diese Steine können farblos, milchig-weiß bis schön rauchbraun sein und werden wegen ihrer Seltenheit kaum für Schmuck verwendet, sondern als Sammlersteine verschliffen.
Sonnenstein ist ein orangeroter bis rötlichbrauner, undurchsichtiger Feldspat mit einem metallischen Schimmer, der durch zahlreiche winzige Einschlüsse von Hämatitschüppchen bedingt ist. Das meiste verschliffene Material stammt aus Norwegen und Indien.

1. Adular-Kristalle, mit Chlorit überzogen
2. Amazonit-Platte
3. Amazonit-Kristalle, Colorado, USA

1

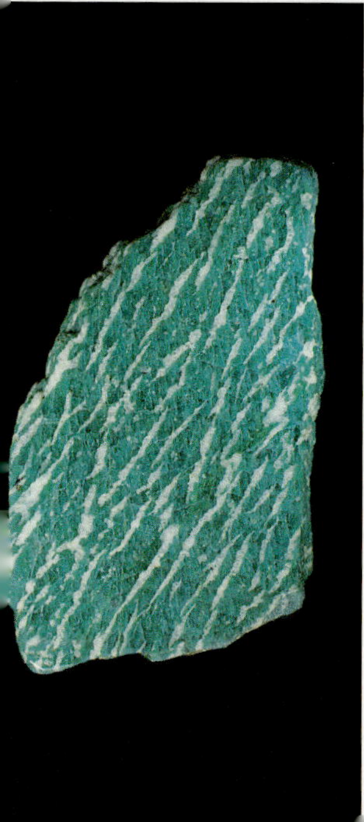

2/3

Adular ist ein weißer Kalifeldspat, der vor allem auf alpinen Klüften zu finden ist und manchmal den Mondsteineffekt zeigt. Oft ist er auch von einer dünnen Schicht des Minerals Chlorit überzogen und erscheint dann grünlich.

Unterscheidung: Labradorit und Mondstein sind wegen ihres charakteristischen Erscheinungsbilds unverwechselbar, gleiches gilt für den grünen Amazonit. Sanidin ist deutlich weicher als praktisch alle anderen farblosen Edelsteine. Gelber Orthoklas ist viel weicher als gleichfarbiger Topas, Korund, Chrysoberyll und Beryll. Zirkon hat eine hohe Doppelbrechung.

Verarbeitung: Sanidin und gelber Orthoklas werden facettiert geschliffen, weil sie wegen ihrer Durchsichtigkeit dafür prädestiniert sind. Alle anderen Feldspäte zeigen dagegen ihre Schönheit am besten im Cabochonschliff. Dabei ist es besonders bei den Feldspäten mit Lichteffekten (Mondstein, Labradorit, Sonnenstein) wichtig, die Steine so zu orientieren, daß nach dem Fassen der Lichteffekt optimal zu sehen ist. Labradorit und Amazonit werden häufig zu Kugeln für Steinketten verarbeitet. Sehr selten sind durchsichtige Labradorite (nur aus Australien bekannt), die auch facettiert werden können.

Der Amazonit wurde nach dem Amazonas benannt, dies allerdings aufgrund eines Irrtums, da man ihn mit dem grünen Nephrit verwechselte, der früher im Gebiet dieses Stroms gefunden und von den dortigen Indianern als Amulettstein getragen wurde. Seine schöne grüne Farbe verdankt er geringen Bleigehalten. Dies weiß man allerdings erst seit kurzer Zeit, früher war der Grund für die schöne Farbe Ziel zahlreicher Spekulationen. Besonders häufig machte man das Kupfer, dem ja auch viele andere Minerale, z. B. der Malachit, ihre grüne Farbe verdanken, dafür verantwortlich, was sich aber letztendlich als falsch herausstellte. Amazonit ist neben dem Labradorit der einzige Feldspat-Schmuckstein, der auch in größeren Massen gefunden wird und daher für die Herstellung kunsthandwerklicher Gegenstände, z. B. Schalen, Vasen oder Skulpturen, geeignet ist.

Der Labradorit ist hierbei besonders schwer zu bearbeiten, da sich seine schönen Farben nur aus ganz bestimmten Blickwinkeln zeigen. Beherrscht der Künstler und Steinschneider aber sein Metier, kann er das Farbenspiel des Labradorits ausnützen und seinen Werken, beliebt sind besonders Tierskulpturen, eine außerordentliche Lebendigkeit verleihen.

1. Sonnenstein, Cabochons
2. Amazonit-Herz
3. Labradorit, Cabochon
4. Mondstein, Cabochon
5. Feldspat-Kristalle, Italien

1/2

3/4

5

Jade

Als Jade werden hauptsächlich zwei Minerale bezeichnet: der wertvollere Jadeit (Jade im eigentlichen Sinn) und der viel billigere Nephrit.

Jadeit

Härte: 7, sehr zäh
Dichte: 3,30 – 3,36
Chemische Formel: $NaAl[Si_2O_6]$
Kristallform: monoklin
Farbe: Weiß, rosa, rot, orange, violett, schwarz, grün, braun; durchscheinend bis undurchsichtig. Glasglanz.
Vorkommen: Jadeit bildet praktisch nie Kristalle, sondern wird in faserigen bis körnigen, dichten Massen und Blöcken bis zu vielen Kilogramm Gewicht gefunden. Dieser dichte Jadeit ist in Serpentinen eingewachsen, wegen der großen Zähigkeit findet er sich auch in Seifen oder in Form kleinerer und größerer Blöcke im Flußgeröll.
Unterscheidung: Nephrit ist meist eher gelblichgrün, Chloromelanit mehr smaragdgrün. Schwarzgefleckter Jadeit ist wegen seiner charakteristischen Färbung unverwechselbar. Jadealbit (auch Maw-sit-sit) ist Albit (ein Feldspat) mit etwa 20% intensiv grünem Chromjadeit, der den weißen Albit grün färbt. Grossular (Transvaal-Jade) ist dunkler grün als Jadeit, Serpentinit ist deutlich weicher.
Verarbeitung: Jadeit wird zu Cabochons, häufig auch zu Kugeln für Ketten verarbeitet. Jadeit ist ein Stein, der auch häufig zu Steinschnitzereien verwendet wird. Da er sehr zäh ist und keine Spaltbarkeit besitzt, lassen sich sehr filigrane Formen aus ihm herstellen. Dies zeigen vor allem chinesische Jadeschnitzereien. Auch zu Schalen oder anderen Gefäßen läßt sich Jadeit verarbeiten. Hierzu werden allerdings nicht nur Jadeit, sondern häufig auch andere dichte, grüne Steine verwendet, die man dann fälschlicherweise als Jade bezeichnet, um ihren Wert zu erhöhen. So handelt es sich bei der Russisch Jade um Nephrit und der Transvaal-Jade um grünen Grossular.

Jadeit ist der typische chinesische Schmuckstein. Besonders wertvolle Jade wird daher gerne als China-Jade oder Yünnan-Jade bezeichnet. Dies ist allerdings irreführend, da echter Jadeit nie in China gefördert, sondern praktisch nur in Myanmar (Birma) gefunden wurde. Zu dieser Bezeichnung kam es, da in früheren Zeiten fast die gesamte Jadeproduktion nach China transportiert wurde und erst von dort aus in den Handel kam. Die Unterscheidung zwischen Jadeit und Nephrit wird allerdings erst in neuerer Zeit bei uns im Westen durchgeführt. In

1. Jadeit, Cabochon
2. Jadeit, Cabochon
3. Jadeit, Cabochon
4. Violetter Jadeit, Namibia
5. Violetter Jadeit, Myanmar (Birma)

1/2

3/4

5

China wurde früher mit der Bezeichnung Yü (= Jade) nahezu jeder für Steinschneidearbeiten geeignete Stein bezeichnet, bis hin selbst zum Bergkristall. Jadeobjekte besaßen in China Ewigkeitswert, dementsprechend war der Arbeitsaufwand, den man für die Herstellung eines solchen Kunstwerks angemessen fand. Für besonders schöne und große Stücke konnte ein Jadeschnitzer ein ganzes Leben lang brauchen, ja manchmal wurde die Herstellung eines besonderen Kunstwerks vom Vater auf den Sohn vererbt, der die Schnitzerei dann vollendete.

Nephrit

Härte: $6^1/_2$, sehr zäh
Dichte: 2,90 – 3,02
Chemische Formel:
$Ca_2(Mg,Fe)_5[(OH,F)/Si_4O_{11}]_2$
Kristallform: monoklin
Farbe: Grün, meist mit einem leicht gelblichen Stich, weiß; durchscheinend bis undurchsichtig. Glasglanz.
Vorkommen: Nephrit bildet keine Kristalle, sondern nur dichte, feinverfilzte, sehr zähe Massen. Diese sind in Serpentiniten und anderen basischen Gesteinen eingewachsen. Wegen seiner großen Festigkeit findet sich der Nephrit häufig in Form von Geröllen in Flüssen, oft weit weg von seinen eigentlichen Vorkommen.
Unterscheidung: Die mehr gelblichgrüne Farbe des Nephrits ist charakteristisch und erlaubt bei einiger Übung meist die Unterscheidung von Jadeit. Unter dem Mikroskop ist der Nephrit immer mehr faserig-filzig.
Verarbeitung: Nephrit kommt oft in großen Blöcken vor und findet deshalb auch im Kunsthandwerk Verwendung. Als Cabochon geschliffen, wird er zu Schmuckstücken, häufig auch zur Herstellung von Steinketten verarbeitet.

Im alten China war von den beiden Mineralien ursprünglich nur der Nephrit unter dem Namen Jade bekannt. Im Einflußgebiet Altchinas gab es auch diesen Nephrit nur in einem Gebiet, in der heutigen Provinz Sinkiang. Die Stadt Khotan lag am Rande der Wüste Taklamakan am südlichen Ast der berühmten Seidenstraße. Sie wurde bewässert von zwei Flüssen, dem Kara-Kash (= schwarzer Jadefluß) und dem Yurun-Kash (= weißer Jadefluß). An beiden Flüssen wurden Nephrit-Gerölle gefunden, an letzterem der früher sehr gesuchte weiße Nephrit. Mit Kamelkarawanen wurden die begehrten Steine über Entfernungen bis zu 5000 km nach China gebracht, dies bereits vor über 3000 Jahren! Erst mit Beginn der Qing-Dynastie im 18. Jahrhundert wurde Jadeit aus Birma eingeführt und verdrängte dann den Nephrit.

1. Jade-Brosche
2. Jade (Chloromelanit)
3. Jadeit, Cabochon
4. Nephrit, Cabochon
5. Nephrit, Cabochon

1

2/3

4/5

Obsidian

Härte: 5
Dichte: 2,30 – 2,45
Kristallform: amorph
Farbe: Schwarz, braun, oft mit weißen Flecken durchsetzt; undurchsichtig bis durchscheinend. Glasglanz.
Vorkommen: Glasige Massen mit muscheligem Bruch, manchmal mit kleinen, rundlichen Hohlräumen oder radialstrahligen Mineraleinschlüssen. Obsidian ist ein Gestein, das entsteht, wenn glutflüssige Lava bei einem Vulkanausbruch an der Erdoberfläche austritt und dort schlagartig abkühlt, so daß sich eine glasartige Masse bildet, in der die Kristalle keine Zeit mehr hatten, zu wachsen. Obsidian findet sich in großen Brocken, oft ganzen Obsidianströmen im Bereich vieler Vulkane.
Varietäten: Je nach Färbung und Mineraleinschlüssen werden verschiedene Varietäten unterschieden.
Der normale Obsidian ist mehr oder weniger rein schwarz und leicht durchscheinend.
Als *Mahagoni-Obsidian* bezeichnet man Varietäten mit holzähnlich braunen Schlieren.
Schneeflocken-Obsidian ist durch Anhäufungen weißer Mineraleinschlüsse gefleckt.
Unterscheidung: Onyx ist härter, schwarzes Glas zeigt keinerlei Mineraleinschlüsse, Schneeflocken-Obsidian ist unverwechselbar.
Verarbeitung: Für Schmuckzwecke wird meist der mit weißen Flecken durchsetzte sogenannte Schneeflocken-Obsidian aus Utah, USA, verwendet. Aus Obsidian werden Kugeln für Steinketten sowie kunsthandwerkliche Gegenstände hergestellt.

Wegen seiner Härte und guten Bearbeitbarkeit wurde Obsidian schon von Steinzeitmenschen zur Herstellung von Steinwerkzeugen, wie z. B. Pfeilspitzen, verwendet. Auch die Indianerstämme Mittelamerikas verwendeten Obsidian häufig. So bestanden die Ritualmesser, mit denen die Azteken ihren Menschenopfern das Herz aus dem Leib schnitten, immer aus Obsidian.
In der Antike benutzte man hochpolierte Obsidianscheiben auch als Spiegel.
Manche Obsidiane zeigen, bedingt durch zahlreiche winzige Mineraleinschlüsse, einen goldenen oder silbernen Schimmer. Eine Besonderheit ist der erst ganz neu auf dem Markt befindliche Regenbogen-Obsidian. In rundlichen Formen geschliffen zeigt er bei entsprechendem Lichteinfall vielfarbige konzentrische Ringe, die auf der Beugung des Lichts an ganz dünnen Schichten beruhen. Es gibt auf der Welt nur zwei Vorkommen, von denen das in Kalifornien heute unter Naturschutz steht, während das in Mexiko noch hin und wieder Material für den Markt liefert.

1. Regenbogen-Obsidian, Mexiko
2. Schneeflocken-Obsidian, Cabochon
3. Mahagoni-Obsidian, Mexiko

1

2/3

Chrysokoll

Härte: 2 – 4
Dichte: 2,0 – 2,2
Chemische Formel: $CuSiO_3 \cdot aq.$
Kristallform: amorph
Farbe: Hellblau, grünlichblau, blau; undurchsichtig. Glasglanz, oft etwas fettig.
Vorkommen: Chrysokoll bildet keine Kristalle, sondern wird nur in derber Form gefunden. Dabei bildet er körnige, krustige, traubige und nierige Aggregate, die oft mit anderen Kupfermineralien verwachsen sind. Er kommt in der Oxidationszone von Kupferlagerstätten oft in großen Massen vor. Ein Großteil des Chrysokolls ist allerdings zu weich, um zu Schmuck verarbeitet zu werden. Viele Vorkommen zeigen wegen ihrer Entstehung aus einem Gel Schrumpfungsrisse, die eine Verarbeitung ebenfalls unmöglich machen.
Unterscheidung: Türkis zeigt einen anderen Farbton (»türkisblau«) und ist deutlich härter, Malachit ist mehr grün, Azurit mehr blau, beide brausen im Gegensatz zu Chrysokoll beim Betupfen mit verdünnter Salzsäure auf.
Verarbeitung: Chrysokoll wird zu Cabochons und vor allem zu Kugeln für Ketten verarbeitet. Auch kunsthandwerkliche Gegenstände wie Figuren, Schalen oder Vasen stellt man aus Chrysokoll her.
Meist handelt es sich bei den im Handel befindlichen Steinen nicht um reinen Chrysokoll, sondern um Verwachsungen mit den verschiedensten Mineralien meist ebenfalls Kupfermineralien, wie z. B. Malachit, Azurit oder Cuprit, aber auch Quarz. Feine Verwachsungen mit Quarz machen den Chrysokoll sogar besonders wertvoll, da diese Stücke härter sind und deshalb gut zu Schmuckstücken verarbeitet werden können.

Chrysokoll aus bestimmten Gegenden wird unter Regionalnamen verkauft; z. B. bietet man aus Israel stammendes Material aufgrund seines Fundortes in der Nähe von Eilat am Roten Meer unter dem Namen Eilatstein an. Nördlich von Eilat bei Timna wurden Kupfererze und damit auch Chrysokoll bereits vor 5500 Jahren abgebaut. Zuerst wurde dort nur Chrysokoll und Türkis als Schmuckstein gewonnen, bald aber erkannte man, daß man daraus auch leicht Kupfer erschmelzen kann. So entstanden bei der Suche nach Schmucksteinen die ältesten Kupferbergwerke der Welt in einer ausgesprochen menschenfeindlichen Wüstenregion, die aber wegen ihrer Schmucksteine und Kupfererze immer wieder Menschen, wie die Ägypter der Pharaonenzeit, die alten Römer und Araber, anlockten.

1. Chrysokoll, Israel (Eilatstein)
2. Chrysokoll, Cabochon

1

2

Malachit

Härte: 4
Dichte: 4,0
Chemische Formel:
$Cu_2[(OH)_2/CO_3]$
Kristallform: monoklin
Farbe: Grün, smaragdgrün, grasgrün, hellgrün; undurchsichtig. Glasglanz.
Vorkommen: Nadelige Büschel, prismatische bis tafelige Kristalle, nierige, dichte Massen, im Querschnitt oft sehr schön gebändert, Krusten, Überzüge. Malachit ist ein Verwitterungsprodukt verschiedener Kupfererze und wird deshalb immer in der Verwitterungszone von Kupfererzlagerstätten gefunden. Zu Schmuckzwecken werden die seltenen, bis viele Zentimeter dick auftretenden, nierigen und stalaktitischen, gebänderten Aggregate verwendet, die in Ausnahmefällen viele Kilogramm schwer werden.
Unterscheidung: Farbe und gebänderte Struktur machen Malachit unverwechselbar, Chrysokoll und Türkis haben eine deutlich blaustichigere Farbe.
Verarbeitung: Man stellt aus Malachit kunsthandwerkliche Gegenstände wie Figuren, Schalen, Gefäße, Tischplatten oder geschliffene Eier her. Im Cabochonschliff wird Malachit auch zu Schmucksteinen verarbeitet.
Pflege: Wegen seiner geringen Härte ist Malachit als Ringstein weniger geeignet, da er bei ständigem Tragen schnell matt wird. Er ist sehr empfindlich gegen mechanische Einwirkungen (Zerkratzen, Stoßen etc.) und auch gegen Säuren (wie z. B. Essig), die ihn ebenfalls sofort matt machen.

Besonders im zaristischen Rußland wurde Malachit sehr vielfältig als Dekorationsstein verwendet. Die berühmten russischen Kupfergruben im Ural lieferten bis zentnerschwere Malachitblöcke, aus denen auch große Pokale und Wandplatten hergestellt wurden. Eine Station der Moskauer U-Bahn ist z. B. mit Malachit-Platten ausgekleidet. Zahlreiche Kunstwerke aus der russischen Zarenzeit, darunter auch Stücke aus der Werkstatt des weltberühmten Goldschmieds Fabergé, wurden aus Malachit hergestellt, von kleinen filigranen Schnitzwerken bis zu monumentalen Vasen. In der Eremitage in St. Petersburg gibt es den sogenannten »Malachit-Saal«, in dem Säulen- und Wandverkleidungen, Türen- und sogar die Kaminumrahmungen aus Malachit-Platten bestehen.
Heute kommt der in der Schmuckindustrie verwendete Malachit überwiegend aus dem afrikanischen Staat Zaire. Dort wird ein Großteil des gefundenen Materials auch bereits zu Schmucksteinen und kunsthandwerklichen Gegenständen, besonders zu Tierfiguren, verarbeitet.

1. Malachit-Kristalle, Siegerland
2. Malachit-Kristalle, Siegerland
3. Malachit, Cabochon
4. Malachit, Cabochon
5. nieriger Malachit, Siegerland

1/2

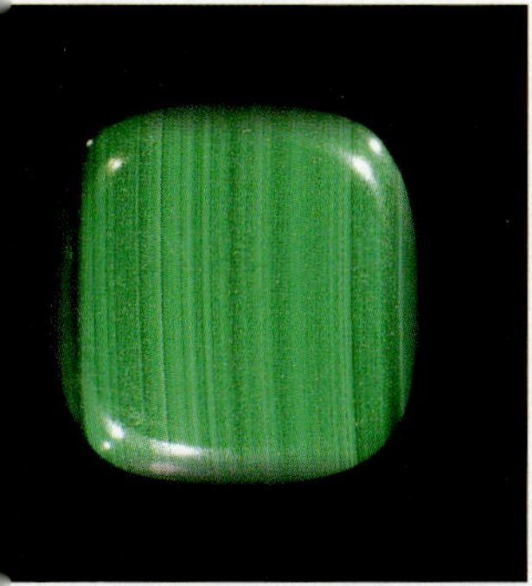

3/4

5

Azurit

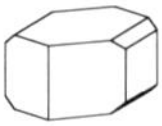

Kupferlasur

Härte: $3^1/_2$ – 4
Dichte: 3,7 – 3,9
Chemische Formel: $Cu_3[OH/CO_3]_2$
Kristallform: monoklin
Farbe: Tiefblau, in Aggregaten und Krusten auch etwas heller blau; durchscheinend bis undurchsichtig. Glasglanz bis matt.
Vorkommen: Tafelige bis prismatische Kristalle relativ selten, häufiger kugelige bis knollige Aggregate, Krusten, Überzüge; bildet oft derbe, dichte Massen, verwachsen mit anderen Kupfermineralien, insbesondere Malachit, aber auch Chrysokoll.
Unterscheidung: Türkis und Chrysokoll zeigen ein deutlich helleres Blau. Die Verwachsung mit Malachit ist sehr typisch.
Verarbeitung: Kristalle von Azurit werden fast nie verarbeitet, weil sie meist viel zu klein sind. Für den Schliff interessant sind nur die dichten Aggregate von Azurit, die zu Cabochons oder flachen Tafelsteinen verarbeitet werden. Verwachsungen mit Malachit werden dabei als sehr positiv angesehen, weil sie mit der lebhaften Sprenkelung in Grün dem an sich etwas düsteren Azurit mehr Farbe geben. Kleine, knollige Azurit-Aggregate, die, halbiert, im Inneren winzige Hohlräume zeigen, die mit kleinen Azurit-Kriställchen besetzt sind, werden manchmal im Rohzustand zu Schmuck, z. B. zu Anhängern, verarbeitet. Solche Aggregate bezeichnet man manchmal irreführend als Azuritlapis. Wegen der geringen Härte können Azurit- oder Azurit/Malachit-Steine nur zu Schmuckstücken verarbeitet werden, die geringen mechanischen Belastungen ausgesetzt sind.

Gemahlener Azurit war wegen seiner intensiv blauen Farbe Grundstoff einer Malerfarbe, die vor allem in Mittelalter und zur Zeit der Renaissance viel für Gemälde und Fresken verwendet wurde. Azurit hat allerdings den Nachteil, daß er sich im Laufe der Jahrhunderte durch den Einfluß des Kohlendioxids der Luft in grünen Malachit umwandelt. So sind in alten Kirchen vielfach die Himmel der Deckengemälde und Heiligenbilder grün geworden. Man möchte glauben, der Maler wäre farbenblind gewesen. Allerdings ist die Spanne des Kohlendioxid-Gehalts der Luft, bei dem sich Azurit in Malachit umwandelt, sehr gering. Wenn wir den CO_2-Ausstoß in Zukunft nicht begrenzen, wird der Anteil dieses Gases in unserer Atmosphäre so groß werden, daß sich – neben dem Treibhaus-Effekt – der grüne Malachit-Himmel wieder in blauen Azurit zurückverwandelt.

1. Azurit mit Malachit, Brosche
2. Azurit mit Malachit, Cabochon
3. Azurit-Kristalle, Namibia

1/2

3

Hämatit

Blutstein

Härte: $6^1/_2$
Dichte: 5,2 – 5,3
Chemische Formel: Fe_2O_3
Kristallform: trigonal
Farbe: Schwarz, rot; undurchsichtig. Metallglanz bis matt.
Vorkommen: Hämatit bildet dünn- bis dicktafelige, metallglänzende Kristalle, die auf Klüften und in Hohlräumen aufgewachsen sind. Daneben findet sich das Mineral in Erzlagerstätten in Form von nierigen, radialstrahligen Aggregaten mit glatter Oberfläche, dem sogenannten Roten Glaskopf.
Unterscheidung: Wirklich gute Rohsteine von Hämatit sind in den letzten Jahren sehr selten geworden. Sie kommen fast nur aus den Gruben in Cumberland, Großbritannien. Deshalb ist man dazu übergegangen, ein anderes schwarzes Eisenmineral, den Magnetit, der besonders in Brasilien in größeren Mengen gefunden wird, als Ersatz für Hämatit zu verschleifen. Magnetit ist allerdings sehr viel minderwertiger als guter Hämatit, seine Farbe ist nicht so leuchtend schwarz, er wird im Laufe der Jahre immer bräunlicher und unansehnlicher. Magnetit ist im Gegensatz zum Hämatit magnetisch, so daß sich mit einem kleinen Handmagneten die Identität feststellen läßt. Dies ist wichtig, da Magnetit sehr viel billiger als Hämatit ist.
Verarbeitung: Hämatit wird zu Cabochons und vor allem zu Kugeln für Steinketten geschliffen. Früher wurde Hämatit auch viel zu Trauerschmuck verarbeitet.

Das Pulver des an sich schwarzen Hämatits ist intensiv rot gefärbt. Aus diesem Grund wird bei der Verarbeitung von Hämatit die beim Schleifen verwendete Kühlflüssigkeit rot, so, als ob der Stein bei dieser Behandlung bluten würde. Daher wurde ihm von den Schleifern der Name Blutstein gegeben. Der internationale Name besagt im Grunde nichts anderes, er wurde nach dem griechischen Wort für Blut gebildet. Der Name Roter Glaskopf hat nichts mit Glas zu tun, sondern ist nur eine Verballhornung des Wortes Glatzkopf. Damit bezeichnete man sehr bildhaft Aggregate verschiedenster Mineralarten, die kugelige, glatte und glänzende Oberflächen zeigen, eben wie ein haarloser Kopf. Zur besseren Unterscheidung der verschiedenen Glatzkopf-Minerale setzte man immer noch eine Farbangabe hinzu. Da Hämatit in dieser Aggregatform rötlich ist, entstand so der Name roter Glatzkopf, heute eben Roter Glaskopf.

1. Hämatit, Cabochon
2. Hämatit-Rose, Pakistan
3. Hämatit-Kristalle, Siegerland
4. Hämatit-Kristalle, Siegerland
5. Hämatit (Roter Glaskopf), England

1/2

3/4

5

Andalusit

Chiastolith

Härte: $7^1/_2$
Dichte: 3,15 – 3,17
Chemische Formel: Al_2SiO_5
Kristallform: orthorhombisch
Farbe: Braun, mit Stich ins Violette, rötlich, gelblich, weiß, grün, grau; durchsichtig bis undurchsichtig mit schwarzem Kreuz (Chiastolith); durchsichtig ohne Kreuzzeichnung (Andalusit). Glasglanz.
Vorkommen: Andalusit bildet prismatische Kristalle mit quadratischem Querschnitt, die in Pegmatiten und kristallinen Schiefern eingewachsen sind. Seltener finden sich durchsichtige Kristalle auch in Edelsteinseifen. Kristalle, die in kontaktmetamorphen Schiefern eingewachsen sind, zeigen im Querschnitt oft eine schwarze Zeichnung, die von einem einfachen Punkt bis zu einer kreuzförmigen Struktur reichen kann. Ein Stein in dieser Abart wird auch Kreuzstein genannt.
Unterscheidung: Chiastolith ist wegen seiner typischen Kreuzzeichnung unverwechselbar. Facettierter Andalusit ähnelt bei Kunstlicht dem Alexandrit, ist aber bei Tageslicht nicht grünlich wie dieser.
Verarbeitung: Der Chiastolith wird, da er undurchsichtig ist, im Cabochonschliff oder zu einer ganz flachen Tafel verarbeitet.
Der durchsichtige Andalusit wird selten verschliffen, dann immer facettiert. Wegen der langgestreckten Form der Rohsteine werden meist längliche Schlifformen wie der Treppen- oder Smaragdschliff gewählt.
Besonderheit: Der durchsichtige Andalusit zeigt einen intensiven Pleochroismus. Je nach Betrachtungsrichtung wechselt die Farbe beim selben Kristall von einem intensiven Grün bis zu einem deutlichen Rotbraun.

Chiastolithe wurden und werden auch heute noch in Spanien und den lateinamerikanischen Ländern wegen der Kreuzzeichnung als religiöses Symbol getragen. Vor allem die Pilger zu den spanischen Wallfahrtszentren, wie Santiago de Compostela, nehmen gern Chiastolithe, die in der Gegend gefunden werden, in geschliffener Form als Andenken oder Talisman mit nach Hause.
In der aufklärerischen Neuzeit wollte man sich nicht mehr so gerne an das christliche Kreuzsymbol erinnern lassen, sondern assoziierte das dunkle Kreuz im helleren Andalusit-Querschnitt lieber mit dem gleichgeformten griechischen Buchstaben Chi und nannte den Stein (griech. lithos) – der damaligen Tradition folgend – in einer Wortkombination Chiastolith, was übersetzt nichts anderes heißt, als »Stein mit dem Chi«.
Der Name Andalusit kommt vom spanischen Andalusien, wo der Stein häufiger gefunden wird.

1. Chiastolith, Spanien
2. Andalusit-Kristall, Österreich

1

2

Charoit

Härte: 5 – 6
Dichte: 2,52 – 2,55
Chemische Formel:
$K(Ca,Na)_2[(OH,F)/Si_4O_{10}] \cdot H_2O$
Kristallform: monoklin
Farbe: Violett in verschiedenen Schattierungen, braun, schwarz, weißlich; undurchsichtig. Glasglanz bis Seidenglanz.
Vorkommen: Faserige bis strahlige Aggregate, z. T. in sehr großen, dichten Massen, oft verwachsen mit anderen Mineralien, wie Ägirin, Ekanit; keine freistehenden Kristalle. Charoit findet sich in Alkaligesteinskomplexen selten als gesteinsbildendes Mineral.
Unterscheidung: Die violette Farbe und die faserige Struktur machen Charoit so charakteristisch, daß Verwechslungen kaum möglich sind. Sugilith ist nie faserig oder strahlig.
Verarbeitung: Charoit wird hauptsächlich zu kunsthandwerklichen Gegenständen, z. B. Dosen, Figuren oder Schalen, verarbeitet. Sehr viel seltener stellt man aus Charoit auch Cabochons und Tafelsteine für Schmuckstücke her. Die meisten Charoit-Gegenstände kommen aus Rußland, bei uns hat sich die Verwendung dieses wunderschönen Steins zur Schmuckherstellung noch nicht so durchgesetzt.

Der Schmuckstein Charoit kommt nur an einer einzigen Fundstelle auf der Welt in verarbeitbaren Stücken vor: im Murun-Gebirge in Sibirien, Rußland. In dieser außerordentlich abgelegenen und völlig unbewohnten Gegend ist er aber sehr häufig und wird in z. T. metergroßen Blöcken gefunden. Diese intensiv violetten Felsen inmitten einer unberührten Naturlandschaft bieten an den Fundstellen einen fast surrealistischen Anblick.
Entdecker der Vorkommen waren Geologen, die bei der wissenschaftlichen Erkundung des Gebietes auf die ungewöhnlich gefärbten Felsen gestoßen waren. Nachdem sich herausstellte, daß sie ein völlig neues, vorher auf der Welt nicht bekanntes Mineral entdeckt hatten, benannten sie es nach dem das Gebiet durchfließenden Fluß Charo Charoit. Auch heute sind noch gut ausgerüstete Expeditionen nötig, um Material in größeren Mengen für die Verarbeitung zu gewinnen.
Bis vor wenigen Jahren war der neue sibirische Schmuckstein im Westen völlig unbekannt. Erst im Zuge der weitreichenden politischen Veränderungen im Osten kam mit den russischen Händlern und Mineraliensammlern dieser Stein auch in den Westen.

1. Charoit, polierte Platte, Sibirien
2. Charoit, polierte Platte, Sibirien
3. Charoit-Rohstück mit gelbem Ekanit, Sibirien

1/2

3

Pyrit

Eisenkies

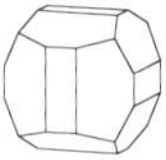

Härte: 6 – 6½
Dichte: 5,0 – 5,2
Chemische Formel: FeS_2
Kristallform: kubisch
Farbe: Goldgelb bis messinggelb; undurchsichtig. Metallglanz.
Vorkommen: Pyrit ist ein sehr häufiges Eisenmineral, das in vielen verschiedenen Lagerstättentypen vorkommt. Oft bildet Pyrit sehr schöne Kristalle, aber auch radialstrahlige, kugelige oder scheibenartige Aggregate (Pyritsonnen).
Unterscheidung: Gold ist deutlich weicher und nicht spröde, ansonsten ist Pyrit als Schmuckstein mit seiner metallisch goldenen Farbe unverwechselbar.
Verarbeitung: Pyrit wird zu Cabochons und facettiert verschliffen. Neuerdings stellt man aus Verwachsungen von schwarzem Hämatit und goldgelbem Pyrit aparte Kugeln für Steinketten her. Das Material ist allerdings relativ löcherig und läßt sich nicht besonders gut bearbeiten. Pyritsonnen werden im Rohzustand zu Schmuck verarbeitet, in den USA z. B. gerne zu Gürtelschließen oder »Bola Ties«.
Besonderheit: Pyrit ist neben Hämatit, bei dem es sich ebenfalls um ein Eisenmineral handelt, das einzige Erzmineral, das zu Schmuckzwecken verwendet wird.
Pflege: Pyrit ist empfindlich gegen Feuchtigkeit, Säuren und Laugen, er beginnt dann relativ schnell auszublühen und sich zu zersetzen. Pyrit-Schmuck muß immer ganz trocken aufbewahrt werden. Pyrit ist auch recht spröde und daher empfindlich gegen Schlag und Stoß.

Schmuck mit Pyrit war besonders zur Zeit des Art déco (1920 – 1940) beliebt. Er wurde als Markasitschmuck bezeichnet, obwohl es sich beim Rohmaterial praktisch immer um den kubischen Pyrit und nicht um den orthorhombischen Markasit gleicher chemischer Zusammensetzung handelte. Heute wird das Mineral nicht mehr verwendet, »Markasitschmuck« gibt es nur mehr im Antiquitätengeschäft.
Pyrit in schönen Kristallen ist dagegen recht häufig und wird heute in großen Stückzahlen als Sammlungsstufen für Mineraliensammler oder als Dekorationsstücke verkauft. Ein berühmtes Fundgebiet für hervorragende Pyrit-Kristalle war früher die Insel Elba mit ihren Eisenlagerstätten, die bereits von den Etruskern abgebaut worden sind. Heute kommen die schönsten Pyrit-Kristalle aus verschiedenen Gruben in Peru. Pyritsonnen werden nur im Bereich einiger Kohlegruben im amerikanischen Bundesstaat Illinois gefunden.

1. kugeliger Pyrit
2. Pyrit, facettiert
3. Pyrit-Kristall, Indien
4. Pyritsonne, Illinois, USA
5. Pyrit-Würfel, Österreich

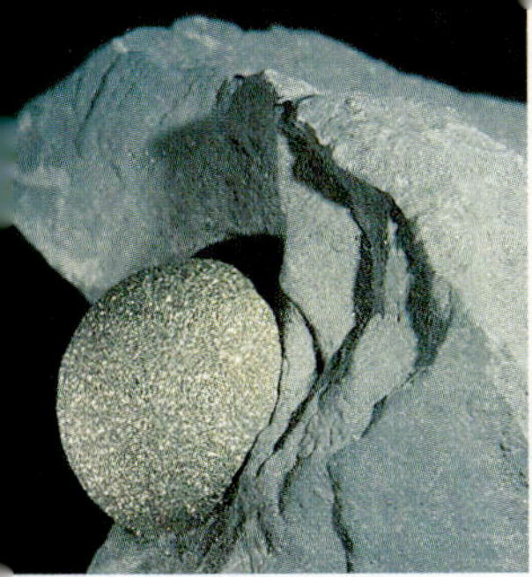

1/2

3/4

5

Sugilith

Härte: 6 – 7
Dichte: 2,90
Chemische Formel:
$(K,Na)(Na,Fe)_2(Li_2Fe)[Si_{12}O_{30}]$
Kristallform: hexagonal
Farbe: Hell- bis dunkelviolett; undurchsichtig. Glasglanz bis matt.
Vorkommen: Prismatische Kristalle, strahlige bis stengelige Aggregate, meist feinkörnig dicht und massiv. Sugilith kommt in größeren Mengen nur an einem Ort der Erde vor, nämlich in den Mangangruben der südafrikanischen Kalahari.
Unterscheidung: Charoit ist immer deutlich, auch mit bloßem Auge sichtbar, faserig und nicht körnig wie der Sugilith. Er ist auch meist deutlicher blauviolett.
Verarbeitung: Sugilith wird meist zu Cabochons oder verschieden geformten Tafelsteinen verschliffen, seltener zu kunsthandwerklichen Gegenständen verarbeitet.

Sugilith ist ein sehr neuer Schmuckstein, der erst in den letzten Jahren den Markt erobert hat. Das Mineral war zuerst auf der japanischen Insel Iwagi entdeckt und als neues Mineral nach seinem Finder benannt worden. Die japanischen Exemplare des Minerals waren aber sehr klein, unscheinbar und auch nicht schön gefärbt – also nicht im geringsten als Schmuckstein geeignet. Vor der Entdeckung der südafrikanischen Vorkommen gab es also absolut kein verarbeitbares Material dieses Minerals. Nachdem man das afrikanische Vorkommen aber erst einmal entdeckt hatte, eroberte der Sugilith den Markt als Schmuckstein außerordentlich schnell. Das liegt vor allem auch an der ungewöhnlich intensiven Farbe, die man zuvor zur Verarbeitung als Schmuckstein nicht zur Verfügung hatte. Ursprünglich war das südafrikanische Material fälschlich als Sogdianit auf den Markt gekommen, ein Mineral, das das seltene Element Zirkonium enthält. Erst bei genaueren Untersuchungen stellte sich heraus, daß es sich um das zirkonium-freie verwandte Mineral Sugilith handelte. Zur Beliebtheit dieses neuen Steins hat auch beigetragen, daß er von den Esotherikern sehr schnell angenommen wurde. Sie setzen ihn bei den verschiedensten Beschwerden ein und haben Sugilith zum idealen Heilstein für die jetzt herrschende Zeitperiode erklärt. Es ist natürlich außerordentlich passend, daß dieser Stein erst vor wenigen Jahren entdeckt wurde, also genau zur richtigen Zeit aus dem Dunkel der Erde ans Licht kam. Neuerdings soll ein weiteres Vorkommen des Minerals in Namibia entdeckt worden sein, die bisher aufgetauchten Stücke sind allerdings zwar schön violett, aber wegen ihrer Aggregatform für das Verschleifen nicht geeignet.

1. Sugilith, Cabochon
2. Sugilith, Südafrika
3. Sugilith-Kristalle, Südafrika

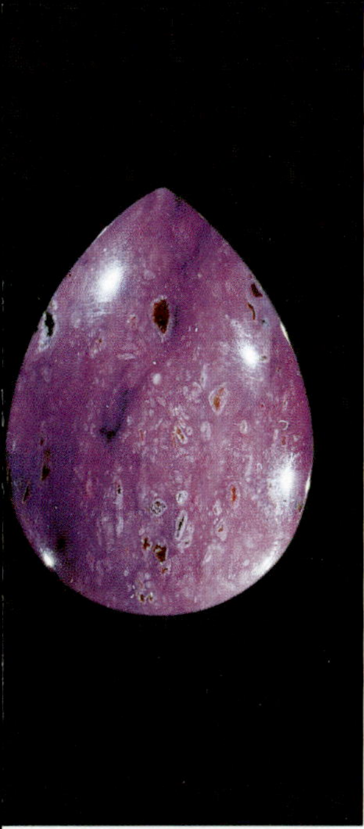

1/2

3

Phenakit

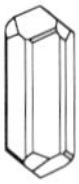

Härte: $7^1/_2$ – 8
Dichte: 2,95 – 2,97
Chemische Formel: $Be_2[SiO_4]$
Kristallform: trigonal
Farbe: Farblos, weiß, gelblich; durchsichtig. Glasglanz.
Vorkommen: Tafelige bis prismatische Kristalle in Hohlräumen in Pegmatiten und eingewachsen in Gneisen und Glimmerschiefern zusammen mit Smaragd. Selten auch bohrkronenförmige Zwillinge (»Fräserkopf-Zwillinge«, Bild 2). Hauptvorkommen des schleifbaren Materials in Rußland, Brasilien, Namibia und in den österreichischen Alpen.
Unterscheidung: Bergkristall ist weicher, Diamant und farbloser Saphir sind härter. Topas weist im Gegensatz zu Phenakit eine hervorragende Spaltbarkeit und eine deutlich höhere Dichte auf.
Verarbeitung: Phenakit wird fast nur im Facettenschliff verarbeitet, insgesamt aber recht selten verschliffen. Geschliffene Phenakite sind nur von regionaler Bedeutung und meist Liebhabersteine.
Pflege: Phenakit ist relativ spröde und daher gegen mechanische Einwirkung recht empfindlich. Besonders die Ecken geschliffener Steine splittern leicht ab.

Phenakit wurde 1833 durch Nils Gustav Nordenskiöld erstmals beschrieben. Er hat seinen Namen von dem griechischen Wort »phenax« für Betrüger, weil er früher immer mit anderen farblosen Steinen, speziell mit Quarz, dem er besonders im derben Zustand äußerst ähnlich ist, verwechselt wurde.
Phenakit ist ein typischer Begleiter des Smaragds in den russischen Lagerstätten, wo sich auch immer wieder schleifbare Kristalle im Glimmerschiefer eingewachsen finden. Fast alles schleifbare Material kommt von dort, während die Kristalle aus Brasilien und Namibia kaum verschliffen werden. Auch die recht ähnliche österreichische Smaragdlagerstätte an der Leckbachscharte im Habachtal hat sehr schöne Kristalle bis 10 cm Größe geliefert, von denen einige für Liebhaber auch verschliffen wurden. Allerdings werden diese Steine von ihren Besitzern sehr hoch geschätzt und sind im freien Handel nicht erhältlich.
Obwohl man wegen der Ähnlichkeit zu den russischen Lagerstätten das Vorkommen von Phenakit schon immer postuliert hatte, waren in der ganzen Zeit des Smaragdbergbaus keine Kristalle entdeckt worden. Erst bei der genauen wissenschaftlichen Untersuchung des Smaragdvorkommens gelang es Münchner Wissenschaftlern, auch an der Leckbachscharte Phenakit-Kristalle zu finden.

1. Phenakit, facettiert
2. Phenakit-Zwilling, Namibia
3. Phenakit-Kristall, Brasilien
4. Phenakit-Kristall, Bayern
5. Phenakit-Kristall, Österreich

1/2

3/4

5

Epidot

Pistazit

Härte: 6 – 7
Dichte: 3,3 – 3,5
Chemische Formel:
$Ca_2(Fe,Al)Al_2$
$[O/OH/SiO_4/Si_2O_7]$
Kristallform: monoklin
Farbe: Gelbgrün, dunkelgrün, schwarzgrün, selten rot; durchsichtig bis durchscheinend. Glasglanz.
Vorkommen: Prismatische bis dicktafelige Kristalle bis 40 cm Größe auf Klüften in Graniten, Gneisen, Amphiboliten, gesteinsbildend als Epidotfelse, strahlige Aggregate, dichte Massen, z. T. mit rötlichem Kalifeldspat.
Unterscheidung: Turmalin hat eine andere Kristallform, er ist immer deutlich trigonal und nie so dunkelgrün oder gelbgrün.
Verarbeitung: Dichte Massen werden manchmal zu Cabochons und Tafelsteinen verschliffen, teilweise auch zur Herstellung von kunsthandwerklichen Gegenständen wie Schalen oder Figuren verwendet. Klar durchsichtige Kristalle werden auch facettiert, meist im Smaragd- oder Treppenschliff, geschliffen, allerdings nur sehr selten zu Schmuck verarbeitet. Meist gelten diese Steine nur als Sammlersteine. Manchmal werden aus ungeschliffenen, prismatischen Kristallen, also so, wie sie gefunden werden, Anhänger gearbeitet.
Roter Epidot ist extrem selten und wird daher trotz seiner ansprechenden Farbe nicht verschliffen.
Pflege: Facettierte Epidot-Kristalle sind recht bruchempfindlich und spröde, daher nicht gut zum Tragen geeignet.
Besonderheit: Epidot hat einen sehr deutlichen Pleochroismus, d. h., je nach Blickrichtung ändert der Kristall seine Farbe von intensivem Dunkelgrün zu einem bräunlichen Gelbgrün.

Die bekannteste Epidotfundstelle der Welt, die Knappenwand, liegt im Untersulzbachtal in den österreichischen Alpen. Die Fundstelle wurde zur Gewinnung der bis armlangen Kristalle in früheren Zeiten regelrecht im Tagebau abgebaut, allerdings hauptsächlich zur Gewinnung von Kristallstufen, nicht von Schleifmaterial. Dabei entstand eine riesige Höhle im steilen Fels, die lange Zeit das Ziel großer Scharen von Mineralien- und Edelsteinsuchern war. Heute ist das Sammeln dort streng verboten. Der Abbau wird nur mehr sporadisch durch das Naturhistorische Museum in Wien betrieben, das sich die exakte Erforschung dieses auf der Welt einmaligen Vorkommens zum Ziel gesetzt hat. Neue Epidotfunde stammen aus Alaska, Brasilien und Pakistan, an die Größe und Qualität der Stufen von der Knappenwand können diese Epidote aber nicht heranreichen.

1. Epidot, unregelmäßig geschliffen
2. Epidot-Kristall, Österreich
3. roter Epidot-Kristall, Österreich

1

2/3

Serpentin

Härte: 3 – 4
Dichte: 2,5 – 2,6
Kristallform: monoklin
Chemische Formel:
$Mg_6[(OH)_8/Si_4O_{10}]$
Farbe: Weiß, grün in sämtlichen Schattierungen, gelb; durchscheinend bis undurchsichtig. Fett- bis Seidenglanz.
Vorkommen: Serpentin ist gesteinsbildender Bestandteil von Serpentinit. Der für Schmuckzwecke verwendete sogenannte edle Serpentin findet sich als Kluftfüllung in Rissen und Spalten dieser Serpentinite.
Unterscheidung: Jadeit ist deutlich härter und eher grasgrün, Nephrit ist viel härter.
Verarbeitung: Häufig kommt Serpentin in recht großen Blökken vor und ist deshalb besonders für die Herstellung kunsthandwerklicher Gegenstände wie Figuren, Schalen oder Vasen geeignet.

Serpentin kommt nicht nur in dichten und kompakten Massen vor, sondern kann als Chrysotil-Asbest auch feinfaserige Aggregate bilden, die, weil sie unbrennbar sind, häufig als feuerfestes Material in der Industrie verwendet werden. Edelserpentin läßt sich wegen seiner geringen Härte auch fräsen und drechseln und auf diese Weise zu den verschiedensten Gegenständen formen.

Moldavit

Härte: $5^1/_2$
Dichte: 2,3 – 2,4
Kristallform: amorph
Farbe: Grün, flaschengrün, braungrün; durchsichtig. Glasglanz.
Vorkommen: Moldavite sind geschmolzenes Gesteinsglas, das beim Einschlag des Ries-Meteoriten in Bayern entstand und im flüssigen Zustand durch die Atmosphäre bis nach Böhmen und Mähren geschleudert wurde. Die eigenartigen, oft tropfenähnlichen Formen der Stücke rühren von diesem Transport durch die Luft her.
Unterscheidung: Die Farbe ist sehr charakteristisch und erlaubt kaum Verwechslungen, grüner Zirkon hat eine hohe Doppelbrechung.
Verarbeitung: Moldavite werden zu facettierten Steinen verschliffen.

Moldavite finden sich in Böhmen und Mähren auf den Feldern und werden dort für die heimische Schmuckindustrie gesammelt. Lange hat man über die Herkunft der seltsamen, früher auch als »Bouteillensteine« bezeichneten Gläser spekuliert. Münchner Wissenschaftlern gelang es, nachzuweisen, daß es sich bei Moldaviten wirklich um beim Einschlag des Riesmeteoriten entstandenes Gesteinsglas handelt.

1. Edelserpentin, Connemara, Irland
2. Moldavit, Tschechien

1

2

Organische Schmuck-steine

Im folgenden Abschnitt werden organische Schmucksteine abgebildet und beschrieben. Es handelt sich bei ihnen um »Steine« organischer Entstehung, zum Beispiel Teile von Pflanzen oder Tieren, wie etwa Perlen und Korallen oder Fossilien – in Stein verewigte Abdrücke von Pflanzen und Tieren aus der Vorzeit.

Bernstein

Härte: 2 – 2½
Dichte: 1,05 – 1,30
Chemische Formel: Bernstein ist ein Gemisch verschiedener fossiler Harze, je nach Vorkommen etwas unterschiedlich.
Kristallform: amorph
Farbe: Gelb, braun in verschiedenen Farbtönungen, rot, blau, weiß, schwarz, grünlich; durchsichtig bis undurchsichtig trüb. Glasglanz bis matt.
Vorkommen: Unregelmäßig geformte, plattige, rundliche, seltener tropfenförmige Stücke; enthält oft organische Einschlüsse, von Pflanzenteilen über zahlreiche Insektenarten bis hin zu ganz seltenen Reptilien-Einschlüssen.
Besonderheit: Reibt man Bernstein intensiv, so lädt er sich elektrisch auf und zieht z. B. Papierschnitzel an. Dies ist aber nur bei relativ frischen Bernsteinoberflächen der Fall. Weist er eine Verwitterungsrinde auf, was bei vielen am Meeresstrand gefundenen Stücken der Fall ist, läßt sich diese Eigenschaft nicht ohne weiteres feststellen. Verbrennt man kleine Bernsteinsplitter (Bernstein läßt sich bereits mit dem Streichholz anzünden), so entsteht ein intensiver Geruch, der stark an Weihrauch erinnert.
Unterscheidung: Bernsteinfarbenes Glas ist viel härter, Kunstharz verbrennt nicht wie Bernstein, rezente Baumharze (Kopal) sind spröder und splittern beim Ritzen, bei intensivem Reiben werden sie leicht klebrig.
Verarbeitung: Bernstein wird in der Regel nur seiner unregelmäßigen Form entsprechend poliert, seltener zu richtigen Cabochons verschliffen. Am häufigsten wird Bernstein in Form von durchbohrten Steinen verschiedenster Schlifform (auch facettierte Kugeln) für Ketten verwendet. In früheren Zeiten wurden auch viele kunsthandwerkliche Gegenstände (Truhen, Besteckgriffe, Wandvertäfelungen etc.) aus Bernstein hergestellt.
Pflege: Bernstein ist sehr empfindlich gegen heißes Wasser, Alkohol, Parfüm, Säuren und Laugen.

Trüber Bernstein kann durch Kochen in Öl (meist benutzt man Rüböl) geklärt bzw. »klariert« werden. Kleine Bernsteinstücke und Bernstein-Abfall lassen sich bei etwas erhöhter Temperatur und höheren Drücken zu homogenem, sogenanntem Preßbernstein verarbeiten. Meist stellt man gleich besonders schleiferfreundliche Stangen her. Um diesen künstlich veränderten Bernstein handelt es sich bei allen Stücken, die im Handel mit dem Prädikat »Echt Bernstein« versehen sind. Unveränderter Bernstein wird als »Natur-Bernstein« bezeichnet.

1. Bernsteinschmuck
2. baltischer Bernstein
3. baltischer Bernstein

1

2/3

Perlen

Härte: 3 – $3^1/_2$
Dichte: 2,6 – 2,8
Chemische Formel: $CaCO_3$ + organische Substanz + Wasser
Kristallform: orthorhombisch
Farbe: Weiß, silbrig-, goldschimmernd, rosa, schwarz, grün, blau. Seidenglanz, Perlmuttglanz.

Vorkommen: Perlen sind Produkte von Muscheln, selten von Schnecken. Fremdkörper, z. B. Sandkörner, die versehentlich in die Muschel geraten, werden von dem Tier als störend empfunden und deshalb mit konzentrischen Schichten von Aragonit und einem organischen Stoff, dem Conchyn, umgeben, also abgekapselt. Die abwechselnde Schichtung dieser beiden Substanzen ergibt den speziellen Schimmer und Glanz (»Lüster«) der Perle. Perlen, die an der inneren Muschelschale festgewachsen sind, müssen vor der Verarbeitung abgeschnitten werden, zeigen also nur halbkugelige Formen; sie werden Blisterperlen genannt. Wird der Fremdkörper völlig vom Mantel der Perle umhüllt, so entstehen mehr oder weniger runde Vollperlen. Perlen, die unregelmäßig geformt sind, bezeichnet man auch als Barockperlen.

Unterscheidung: Eine Verwechslung mit anderen Schmucksteinen ist ausgeschlossen. Die Unterscheidung von Natur- und Zuchtperlen ist mit einfachen Mitteln nicht möglich. Glas ist deutlich härter, Kunststoff weicher und nicht spröde.

Verarbeitung: Perlen werden bevorzugt zu Ketten, besonders schöne auch einzeln gefaßt zu Broschen, Anhängern und in Ringen verarbeitet. Blisterperlen müssen immer gefaßt werden.

Pflege: Perlen sind sehr empfindlich. Sie dürfen weder zu feucht noch zu trocken aufbewahrt werden. Am besten hält sich eine Perle, wenn sie häufig getragen wird und so immer im Kontakt mit der Hautfeuchtigkeit der Trägerin steht. Perlen sind prinzipiell sehr viel weniger haltbar als andere Schmucksteine, man rechnet in der Regel mit einer Lebensdauer von wenigen hundert Jahren.

Bei den heute verwendeten Perlen handelt es sich nur mehr ganz selten um zufällig gewachsene Naturperlen, die auch als Orientperlen bezeichnet werden. Meist handelt es sich um Zuchtperlen, die dadurch entstehen, daß man in Perlmuscheln speziell hergestellte Fremdkörper auf künstlichem Wege einbringt, die dann von der Muschel mit einer Perlmuttschicht überzogen werden. Man züchtet Perlen sowohl im Salzwasser als auch in verschiedenen Süßwassermuscheln.

1. Amethyst-Anhänger mit Perlen
2. Biwa-Süßwasserperlen
3. chinesische Süßwasserperlen
4. Perlen-Ohrstecker
5. Salzwasser-Zuchtperlen, Kette mit Rubin-Schloß

1

2/3

4/5

Koralle

Härte: 3
Dichte: 2,6 – 2,7
Chemische Formel: $CaCO_3$
Kristallform: trigonal
Farbe: Rot in verschiedenen Farbtönen, rosa, weiß, blau, schwarz. Glasglanz bis matt.
Vorkommen: Korallen sind die aus Calciumcarbonat aufgebauten Kalkgerüste winziger Polypen, die Kalksubstanz ausscheiden und so z.T. riesige Korallenriffe aufbauen. Es gibt eine außerordentlich große Zahl verschiedener Korallenarten, die von filigranen Ästchen bis zu großen, kugeligen Massen nahezu jede Form aufweisen können. Nur ganz wenige Korallenarten werden zur Schmuckherstellung verwendet, am häufigsten die rote Edelkoralle. Sie kann Korallenstöcke bis etwa 40 cm Höhe aufbauen, die einzelnen Äste haben im Ausnahmefall bis zu 6 cm Durchmesser, bleiben allerdings meist viel dünner.
Varietäten: In der Regel werden nur die roten Varietäten verarbeitet. Elfenbeinfarbene Korallen, z.T. mit rötlichen Flecken, werden als *Engelshaut-Korallen* bezeichnet.
Selten verwendet man auch schwarze und blaue Korallenvarietäten.
Edelkorallen gibt es im Mittelmeergebiet, viel des zu Schmuckzwecken verwendeten Materials stammt aber heute aus Japan, Australien und Hawaii.
Unterscheidung: Karneol ist deutlich härter, gleiches gilt für Glas-Imitationen. Plastik ist viel weicher und nicht spröde.
Pflege: Koralle ist sehr empfindlich gegen alle Chemikalien, vor allem Säuren sowie gegen heißes Wasser.
Verarbeitung: Korallen verarbeitet man zu Cabochons und Kugeln für Ketten. Kleine Ästchen werden gerne quer zur Längserstreckung gebohrt und nur poliert, dann ohne weitere Formgebung zu Ketten aufgezogen.

Ganz im Gegensatz zu anderen Edel- und Schmucksteinen werden Korallen nicht durch Schleifen bearbeitet, sondern meist gesägt, gefräst und geschnitzt.
Aus größeren Stücken stellt man kunsthandwerkliche Gegenstände wie Skulpturen her. Vor allem die Chinesen beherrschen die Kunst, die Biegungen und Verzweigungen der Korallenäste in schwungvolle Bewegungen der geschnitzten Figuren umzusetzen.
Viele der klassischen Korallenvorkommen im Mittelmeer sind heute durch Raubbau zerstört. Die meisten Exemplare werden nämlich nicht etwa durch Taucher behutsam »gepflückt«, sondern man zieht mit schweren Rechen versehene Netze über die Korallenbänke, die die Korallen losreißen, dabei aber weit mehr zerstören, als wirklich gewonnen werden kann.

1. Koralle, Cabochon
2. Engelshaut-Koralle, Cabochon
3. Edelkorallen, Rohstücke

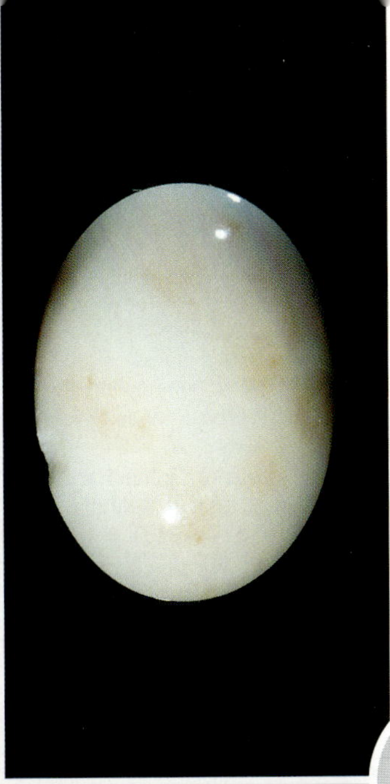

1/2

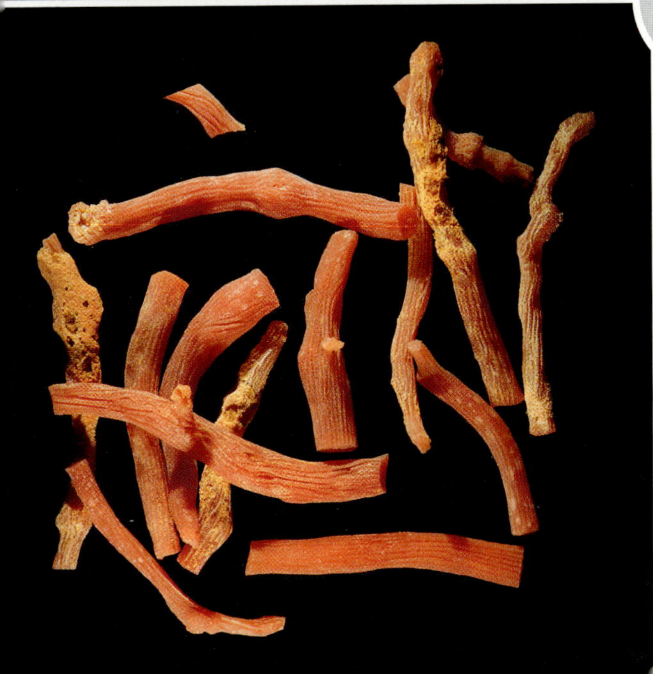

3

Fossilien

Härte: 3 – 5
Dichte: Je nach Versteinerungsmaterial sehr unterschiedlich.
Farbe: Weiß, braun, goldgelb, schwarz.
Vorkommen: Fossilien sind versteinerte, d.h. in verschiedene Mineralarten, meist Calcit oder auch Pyrit, umgewandelte Überreste ausgestorbener Lebewesen.
Einzelne Stücke können im Rohzustand oder durchgeschnitten und geschliffen sehr attraktiv und für die Verwendung als Schmuck gut geeignet sein. Häufiger zu Schmuck verarbeitet werden zwei Gruppen von Fossilien:
Ammoniten sind ausgestorbene Verwandte unserer heutigen Tintenfische, die vor etwa 250 – 60 Millionen Jahren lebten. Ihr nächster lebender Verwandter ist der im Pazifik vorkommende Nautilus, auch Perlboot genannt. Ammoniten haben meist spiralförmig aufgerollte Gehäuse, die durch Scheidewände (sog. Septen) in viele Kammern aufgeteilt sind, die den lebenden Tieren als Gasspeicher dienten. Bei manchen Ammoniten wurden Schale und Kammerwände in Pyrit umgewandelt, die Zwischenräume haben sich mit Calcit gefüllt. Schneidet man solche Ammoniten in der Mitte durch, so erhält man zwei Hälften, die die goldfarbene Pyritstruktur deutlich zeigen (Bild 1 und 2).
Trilobiten (Bild 3) sind ausgestorbene Gliederfüßer, entfernte Verwandte unserer Krebse und Krabben, die vor etwa 350 – 200 Millionen Jahren lebten. Manche der Trilobiten sind außerordentlich gut erhalten, so daß man jede Struktur ihres Körperbaus erkennen kann. Für Schmuckzwecke werden die intensiv schwarz gefärbten und glänzenden Varietäten dieser Fossilien bevorzugt.
Unterscheidung: Die charakteristische Form macht diese Fossilien unverkennbar.
Verarbeitung: Die Ammoniten werden als plangeschliffene Querschnitte, die Trilobiten ungeschliffen zu Ringen, Anhängern, Broschen, Schlüsselanhängern etc. verarbeitet.

Lange bevor man wußte, um was es sich bei den Fossilien tatsächlich handelte, schrieb man den auffälligen Gebilden mythische Eigenschaften zu. Im alten Ägypten hielt man die Ammoniten für heilige Steine des Gottes Ammon, der immer mit Widderhörnern am Kopf dargestellt wird, die in der Tat frappierend manchen Ammoniten ähneln. In Europa wurden die Versteinerungen von Meerestieren, die man auch hoch oben im Gebirge fand, für Überreste der Sintflut gehalten.

1. Ammoniten-Anhänger
2. Ammonit, geschliffen
3. Trilobiten-Schmuck

1/2

3

Synthesen und Imitationen

Das abschließende Kapitel stellt Synthesen und Imitationen vor. Um eine Imitation handelt es sich, wenn ein bestimmter Edelstein durch eine andere, ihm ähnlichsehende Substanz ersetzt wird. Synthesen sind Steine mit der gleichen chemischen Zusammensetzung und den gleichen physikalischen Eigenschaften wie natürlich gewachsene Steine, die sich von diesen nur dadurch unterscheiden, daß sie künstlich hergestellt wurden.

Synthetischer Korund

Härte: 9
Dichte: 3,99
Chemische Formel: Al_2O_3
Kristallform: trigonal
Farbe: Farblos, aber durch Beigabe entsprechender Chemikalien in praktisch jeder gewünschten Farbe herstellbar; durchsichtig. Glasglanz.
Herstellung: Aluminiumoxidpulver wird, gemischt mit den jeweiligen färbenden Substanzen, langsam in eine Knallgasflamme eingeführt und schmilzt dort. Die Schmelztropfen fallen auf einen vorbereiteten Korundkeim und kristallisieren dort als dünne Schicht. Jeder weitere Tropfen produziert eine neue Schicht, und es wächst eine regelrechte, rundlich-länglich geformte Schmelzbirne, wobei die Anwachsschichten immer etwas gebogen sind, was sich im fertigen Stein in gebogenen »Anwachsstreifen« äußert. Die Oberfläche der Schmelzbirnen ist immer matt, im Innern sind die Steine glasklar. Um bei dem schnellen Wachstumsprozeß entstandene Spannungen zu lösen, werden die Schmelzbirnen immer der Länge nach gespalten, bevor man sie verarbeitet.
Unterscheidung: Natürlicher Korund hat keine gebogenen Anwachsstreifen, auch die absolute Einschlußfreiheit des künstlichen Steins weist auf seine Identität hin. Amethyst ist weicher als amethystfarbener synthetischer Korund.
Verarbeitung: Synthetischer Korund wird immer facettiert geschliffen, große Steine oder auch lange Stäbe werden viel in der Lasertechnik verwendet. In Uhren kommen synthetische Korunde als Lagersteine zur Anwendung.

Synthetischer Korund wurde nach der geschilderten Methode bereits 1891 in Frankreich von A. Verneuil hergestellt. Synthetische Rubine heißen deshalb auch Verneuil-Rubine. Auf ähnliche Art und Weise kann man heute auch künstliche Sternrubine und Sternsaphire herstellen. Diese Methode wurde von dem deutschen Gemmologen Professor Eppler entwickelt. Allerdings sehen diese Stern-Korunde, die sich in jeder gewünschten Farbe herstellen lassen, doch sehr viel anders aus als die natürlichen Sternsteine und haben sich auf dem Markt nie durchsetzen können. Verneuil-Rubine sind, z.B. wegen der gebogenen Anwachsstreifen, leicht als synthetisch zu erkennen. Sehr viel schwieriger ist dies bei den von dem Österreicher Knischka nach einer von ihm erfundenen und geheimgehaltenen Methode gezüchteten »Knischka-Rubinen«, die sich kaum von echten Rubinen unterscheiden. Nur ein ausgebildeter Fachmann, ein Gemmologe, kann deren Identität mit Sicherheit feststellen.

1. synthetische Saphire, Schmelzbirnen
2. synthetischer Korund, facettiert
3. synthetischer Rubin, facettiert
4. Knischka-Rubin, synthetisch
5. synthetischer Sternrubin

1

2/3

4/5

Synthetischer Spinell

Härte: 8
Dichte: 3,63 – 3,64
Chemische Formel: $MgAl_2O_4$
Farbe: Farblos, läßt sich durch entsprechende Zusätze in jeder gewünschten Farbe herstellen; durchsichtig. Glasglanz.
Herstellung: Magnesium- und Aluminiumoxidpulver wird, gemischt mit den jeweiligen färbenden Substanzen, langsam in eine Knallgasflamme eingeführt und darin geschmolzen. Die Schmelztropfen fallen auf einen vorbereiteten Spinellkeim und kristallisieren dort als dünne Schicht. Jeder weitere Tropfen produziert eine neue Schicht, und es wächst eine rundlich-länglich geformte Schmelzbirne, wobei die Anwachsschichten immer etwas gebogen sind, was sich im fertigen Stein in gebogenen »Anwachsstreifen« äußert. Die Oberfläche der Schmelzbirnen ist immer matt, im Innern sind die Steine glasklar. Um bei dem schnellen Wachstumsprozeß entstandene Spannungen zu lösen, werden die Schmelzbirnen immer der Länge nach gespalten, bevor man sie verarbeitet.
Unterscheidung: Synthetischer Spinell fluoresziert bei Bestrahlung mit UV-Licht intensiv. Dadurch kann z. B. der synthetische aquamarinfarbige Spinell vom echten Aquamarin unterschieden werden. Die gebogenen Anwachsstreifen, die durch die Methode der Herstellung bedingt sind, lassen sich unter dem Edelstein-Mikroskop gut erkennen und erlauben so die sichere Identifizierung als künstlich hergestellter Stein.
Verarbeitung: Synthetische Spinelle werden im allgemeinen facettiert geschliffen, allerdings verschleift man z. B. Lapis-Lazuli-farbene synthetische Spinelle, genauso wie den Stein, den sie imitieren sollen, als Cabochons.

Synthetische Spinelle werden erst seit 1926 im vorstehend beschriebenen Verneuil-Verfahren, und zwar in fast allen Farben, produziert. Die wenigsten Steine verwendet man allerdings als Ersatz für natürliche Spinelle, die meisten werden so gefärbt, daß sie andere Edelsteine imitieren können. Am häufigsten wird aquamarinfarbener synthetischer Spinell hergestellt, der diese Beryllvarietät, die man selbst synthetisch nur sehr schwer herstellen kann, imitieren soll. Synthetische Spinelle werden in der Industrie für die verschiedensten Anwendungsgebiete gebraucht, so z.B. als Lagersteine oder in der Laser-Technologie. Die Verwendung als Schmuckstein ist mengen- und wertmäßig nur sehr gering.

1. verschiedenfarbige synthetische Spinelle, Schmelzbirnen
2. roter synthetischer Spinell
3. blauer synthetischer Spinell

1

2/3

Eine ganze Reihe von synthetischen Edelsteinen hat in der Natur kein Gegenstück und wird in der Regel als Diamantersatz verarbeitet.

Zirkonia

Härte: 8$^1/_2$
Dichte: 5,7
Chemische Formel: $ZrO_2 \cdot Y_2O_3$
Kristallform: kubisch
Farbe: Farblos, mit sehr buntem Farbenspiel; durchsichtig. Diamantglanz.
Unterscheidung: Diamant hat kein so buntes Farbenspiel.
Verarbeitung: Facettenschliff, meist Brillantschliff.

YAG

Härte: 8
Dichte: 4,57
Chemische Formel: $Y_3Al_5O_{12}$
Kristallform: kubisch
Farbe: Farblos, sehr buntes Farbenspiel; durchsichtig. Diamantglanz.
Unterscheidung: Diamant ist härter und hat kein so buntes Farbenspiel.
Verarbeitung: Facettenschliff, meist Brillantschliff.

Fabulit

Härte: 6 – 6$^1/_2$
Dichte: 3,2 – 3,4
Chemische Formel: $SrTiO_3$
Kristallform: kubisch
Farbe: Farblos, Farbenspiel; durchsichtig. Diamantglanz.
Unterscheidung: Diamant ist viel härter.
Verarbeitung: Facettenschliff, meist Brillantschliff.

Titania

Härte: 6
Dichte: 4,2 – 4,3
Chemische Formel: TiO_2
Kristallform: tetragonal
Farbe: Farblos mit extrem hohem Farbenspiel; durchsichtig. Diamantglanz.
Unterscheidung: Kein farbloser natürlicher Edelstein hat ein so intensives Farbenspiel. Diamant ist viel härter.
Verarbeitung: Facettenschliff, meist Brillantschliff.

Galliant

Härte: 6 – 6$^1/_2$
Dichte: 7,05
Chemische Formel: $Gd_3Ga_5O_{12}$
Kristallform: tetragonal
Farbe: Farblos mit ganz leicht bräunlichem Stich; durchsichtig. Diamantglanz.
Unterscheidung: Diamant ist härter und hat keine Doppelbrechung, er zeigt auch kein so buntes Farbenspiel. Zirkon und Bergkristall sind härter und funkeln nicht so bunt.
Verarbeitung: Facettenschliff, meist Brillantschliff.

1. Zirkonia-Schmuck
2. YAG, facettiert
3. Zirkonia, facettiert
4. Fabulit, facettiert
5. Titania, facettiert

1

2/3

4/5

Wissenswertes über Edelsteine

Edelsteine oder Schmucksteine?

Edelsteine – dieser Begriff läßt an versteckte Schätze, an Ali Baba und die Räuber, an Piraten und Könige, große Reichtümer und schreckliche Schicksale denken. Um viele berühmte Edelsteine, wie etwa den blauen Hope-Diamanten oder den Koh-i-Noor, ranken sich Geschichten von Glück und Unglück, Mord und Totschlag, Krieg und plötzlichem Tod. Jeder kennt den Begriff, aber was eigentlich den Edelstein genau ausmacht, das ist den meisten unbekannt.
Edelsteine müssen hart sein, d. h. eine Härte von mehr als 7 auf der Mohs'schen Härteskala besitzen. Weichere Steine wären durch die allgegenwärtigen Staubkörnchen, die überwiegend aus Quarz mit eben der Härte 7 bestehen, bald zerkratzt und unansehnlich. Sie würden als geschliffene Steine ihren Glanz und ihre strahlende Schönheit verlieren, also all das, was sie für den Menschen so begehrenswert macht.
Edelsteine sollen möglichst durchsichtig sein, starken Glanz und hohe Lichtbrechung aufweisen – die Voraussetzungen dafür, daß der Stein bei optimalem Schliff leuchtet und funkelt.
Ein Edelstein-Mineral darf nicht in zu großer Menge vorkommen, muß also einen gewissen Seltenheitswert haben, damit es auch allgemein als begehrenswert erscheint. Es sollte aber auch nicht zu selten sein, denn dann würde sich seine Verarbeitung für die Schmuckindustrie nicht lohnen, die ja nicht nur absolute Einzelstücke anfertigen kann, sondern auch in Serie arbeiten muß.
Mineralien, auf die diese Kriterien voll zutreffen, werden Edelsteine genannt. All die anderen Steine, die auch zu Schmuck verarbeitet werden, zum Teil sogar in großen Mengen, die aber die strengen Maßstäbe für einen Edelstein nicht erfüllen, nennt man Schmucksteine. Früher wurden diese Steine auch als »Halbedelsteine« bezeichnet, ein Begriff, der heute nicht mehr verwendet wird.

Das Bestimmen von geschliffenen Steinen

Das Bestimmen von geschliffenen Steinen ist sehr viel schwieriger als das von Mineralien. Eine ganze Reihe charakteristischer Eigenschaften, wie etwa die Kristall- oder Aggregatform, stehen bei ihrer Bestimmung nicht zur Verfügung.
Die *Härte* kann nur bedingt geprüft werden, da man einen wertvollen Stein natürlich nicht zerkratzen will. Allerdings ist es doch oft möglich, an einer unverfänglichen Stelle, bei Cabochons zum Beispiel an der Unterseite, eine Ritzprobe zu machen. Hierfür gibt es im Fachhandel spezielle Härtestifte für Edelsteine.

Die *Doppelbrechung* eines Steines läßt sich erkennen, wenn man, notfalls unter Zuhilfenahme einer Lupe, durch die Tafel des facettierten Steins hindurch die Kanten der Facetten an der Unterseite betrachtet. Bei stark doppelbrechenden Steinen, wie etwa dem Peridot oder Zirkon, erscheinen sie doppelt.
Ob ein Stein stark *pleochroitisch* ist, erkennt man, wenn man ihn von allen Seiten betrachtet. Ändert er dabei je nach Blickrichtung seine Farbe, weist er einen mehr oder weniger starken Pleochroismus auf. Es gibt Steine, wie etwa den Spodumen, bei denen diese Eigenschaft so stark ausgeprägt ist, daß der Stein in der einen Richtung sehr intensiv gefärbt erscheint, während er in der anderen Richtung fast farblos wirkt.
Ein Mineral hat eine gute *Spaltbarkeit*, wenn es sich durch mechanische Einwirkung in glattflächige Körper zerteilen läßt. Bei geschliffenen Steinen läßt sich diese Eigenschaft nur schwer prüfen, da sie eine zumindest teilweise Zerstörung des Steins voraussetzt. Bei manchen Edelsteinen, speziell dem Topas, kann man bei genauer Betrachtung auch am unzerstörten Stein bereits Andeutungen der Spaltflächen erkennen, die dann ein wichtiges Bestimmungsmerkmal sind.

Der Wert von Edelsteinen

Der Wert eines Edelsteins ist von verschiedenen Faktoren abhängig. Grundsätzlich wird als Edelstein immer nur der natürlich gewachsene Stein gewertet. Von Menschenhand hergestellte Steine sind im Verhältnis zu diesen immer wertlos, auch wenn ihre Herstellung sehr teuer sein sollte.
Prinzipiell ist natürlich ein größerer Stein immer wertvoller als ein kleinerer, wobei der Preis nicht linear mit dem Gewicht des Steins ansteigt. Ein doppelt so großer Stein ist meist nicht doppelt so wertvoll, sondern kann das Vielfache des Wertes erreichen. Dies gilt allerdings nur für die teuren Edelsteine, bei billigeren Schmucksteinen trifft das nicht zu.
Für den Diamanten gibt es, im Gegensatz zu den meisten Edelsteinen und allen Schmucksteinen, genaue Regeln für die Bewertung eines Steins. Bewertet werden geschliffene Diamanten nach den 4 **C**.
Das erste **C** steht für Carat, d.h. für das Gewicht. Schwerere Steine sind wertvoller als leichtere.
Das zweite **C** bedeutet Clarity, das heißt Reinheit. Lupenrein ist der Stein, wenn mit einer zehnfach vergrößernden Lupe weder Fehler noch Einschlüsse zu erkennen sind. Lupenreine Steine sind die wertvollsten. Sind Einschlüsse vorhanden, werden, je nach dem, wie störend die Einschlüsse wirken, Abstriche im Wert gemacht.
Das dritte **C** steht für Colour, das heißt Farbe. Absolut reinweiße Steine sind – abgesehen von den extrem seltenen intensiv gefärbten Steinen – die wertvollsten.

Mit dem vierten **C**, das Cut bedeutet, wird die Qualität des Schliffs (engl. cut) bewertet. Exakt nach den international anerkannten Regeln geschliffene Brillanten werden hier im Wert am höchsten angesetzt.

Bei Farbsteinen wie Rubin, Saphir oder Smaragd sind dagegen weit mehr die Farbintensität und der Farbton wertbestimmend. Wirklich lupenreine farbige Steine gibt es nicht, jeder dieser Steine enthält irgendwelche Einschlüsse, die dann auch nur bei sehr großer Zahl als störend und wertmindernd empfunden werden. Besonders der Smaragd weist praktisch immer eine Vielzahl von Einschlüssen auf, die geradezu als Echtheitsbeweis dienen können, da bei synthetischen Smaragden diese charakteristischen Erscheinungen fehlen.

In der Regel werden gut gefärbte Steine in der wertvollsten Tönung und Intensität trotz des Vorhandenseins von Einschlüssen höher bewertet als nahezu einschlußfreie, aber eher blasse Steine, die nicht den richtigen Farbton aufweisen.

So werden Edel- und Schmucksteine geschliffen

Oft sind rohe Edelsteine vergleichsweise unscheinbar. Dies gilt besonders für den Diamant, der im ungeschliffenen Zustand ganz und gar nicht so glänzt und funkelt, wie man es mit dem Begriff Diamant verbindet, und der oft nur für den Fachmann überhaupt als solcher zu erkennen ist. Erst im geschliffenen Zustand entwickeln die meisten Edel- und Schmucksteine die Eigenschaften, die sie so berühmt und beliebt gemacht haben. Aus diesem Grund wurden im Laufe der Jahrhunderte zahlreiche Schlifformen entwickelt.

Bei durchsichtigen, farblosen, stark lichtbrechenden Steinen bevorzugt man den Facettenschliff: Es werden am Stein möglichst viele, regelmäßig angeordnete, ebene Flächen geschliffen. Durch diese Facetten wird das Licht mehrfach gebrochen und zum Betrachter zurückgelenkt, was die Brillanz des Steines erhöht und ihn zum gewünschten Leuchten und Funkeln bringt. Es gibt je nach Art des Minerals und Form des Rohsteins viele Schleifvarianten, von denen der Brillantschliff die bekannteste ist.

Dieser Schliff mit 57 Flächen (56 Facetten und eine Tafelfläche) wurde speziell entwickelt, um den wertvollsten Edelstein, den Diamanten, optimal zu verarbeiten. Es ist der Schliff, bei dem der Diamant am intensivsten leuchtet und funkelt. Nur Diamanten, die im Brillantschliff geschliffen sind, dürfen im Edelsteinhandel als Brillanten bezeichnet werden.

Auch viele andere durchsichtige Edelsteine (z. B. Rubin, Saphir, Granat) können in dieser Schliffart verarbeitet werden, die heute nicht auf den Diamanten, für den sie entwickelt wurde, beschränkt ist.

Vor allem Steine, die im Rohzustand meist eher länglich

sind, wie Smaragd oder Turmalin, werden gerne in rechteckigen bis länglichen Formen verschliffen, die man, je nach genauer Form, Baguette-, Treppen- und Smaragdschliff nennt. Smaragd ist besonders empfindlich gegen mechanische Einwirkungen, deswegen schrägt man beim Smaragdschliff die Ecken des Rechtecks noch einmal durch Facetten ab, damit sie nicht so leicht absplittern.
Zahlreiche weitere Schliffformen wurden speziell entwickelt, um dem Juwelier und Goldschmied möglichst viele Gestaltungsmöglichkeiten zu geben, die wichtigsten und gebräuchlichsten sind auf der vorderen Umschlaginnenseite dargestellt.
Durchscheinende bis undurchsichtige Steine werden oft im Cabochonschliff verarbeitet: Dabei schleift man rundliche Körper mit ebener Basis, deren Querschnitt in den verschiedensten Proportionen kreisförmig oder oval sein kann (siehe vordere Umschlaginnenseite). Besonders Steine mit Lichterscheinungen, z. B. Katzenaugen, Sternsteine oder Mondstein, müssen mit großer Exaktheit in dieser Form geschliffen werden, damit ihre charakteristischen Eigenschaften optimal zu sehen sind. Vor allem bei in Billigländern geschliffenen Steinen wird hier häufig fehlerhaft gearbeitet.
Manche Steine, allen voran der Edelopal, werden aber auch ganz unregelmäßig geschliffen, immer so, daß das Farbenspiel am besten zur Geltung kommt. Hier kann man nicht nach einem festgelegten Schema vorgehen, hier müssen sich sowohl der Schleifer als auch später der Goldschmied den Gegebenheiten des natürlichen Steins anpassen.
Heute verarbeitet man gerne auch Steine so, wie sie gewachsen sind, ohne sie weiter zu schleifen. Ein schönes Beispiel hierfür ist der Turmalin-Anhänger auf Seite 41. Solche Stücke sind aber fast immer Einzelanfertigungen und setzen den Besitzer in die glückliche Lage, ein absolutes Unikat zu besitzen, da bei natürlich gewachsenen Kristallen keiner absolut dem anderen gleicht.

Behandlung und Pflege von Edelsteinen und Schmucksteinen

Wenn auch Edel- und Schmucksteine in der Regel hart sind, so bedeutet das noch lange nicht, daß sie gegen Umwelteinflüsse unempfindlich wären. Paradebeispiel ist der Diamant, der zwar der härteste aller Edelsteine ist, aber dennoch gegen mechanische Einwirkungen recht empfindlich ist. Mit Diamant schneidet man zwar Glas, aber ein gar nicht so starker Schlag gegen einen festen Gegenstand kann ihn zum Splittern oder Springen bringen. Diamanten in sehr alten Schmuckstücken sind in vielen Fällen beschädigt oder sogar zerbrochen.
Auch alle Berylle, wie Aquamarin und Smaragd, sind gegen Schlag und Stoß sehr empfind-

lich. Mehr oder weniger gilt dies für fast alle Steine.

Waschmittel, Parfüms oder andere Haushaltschemikalien können Edel- und Schmucksteine ebenso nachhaltig schädigen. Deshalb sollten Ringe beim Spülen oder anderen Hausarbeiten grundsätzlich immer abgenommen werden.

Es empfiehlt sich, Ringe mit relativ weichen Steinen wie Malachit, Koralle oder Perlen, nur zu besonderen Anlässen zu tragen, auf keinen Fall bei der Hausarbeit, wo sie schnell verkratzen und matt werden können.

Türkis ist besonders empfindlich gegen Öle, Cremes und Fette, die sein schönes Türkisblau in ein schmutziges Grün umkippen lassen. Ließ sich ein Kontakt und damit eine Farbveränderung nicht verhindern, kann man manchmal durch Einlegen in Aceton oder Alkohol zumindest einen Teil der Veränderung wieder rückgängig machen.

Der wohl empfindlichste Stein ist der Edelopal, dem insbesondere Hitze sehr schadet. Selbst bei relativ geringen Hitzegraden kann er springen oder sein Farbenspiel verlieren. Deshalb darf man Edelopal-Schmuck nie beim Kochen tragen oder ihn etwa in der Sonne liegen lassen. Auch vor Schlag und Stoß muß der Edelopal unbedingt geschützt werden. Dubletten oder Tripletten sind nicht ganz so empfindlich.

Perlen brauchen den Kontakt mit der Hautfeuchtigkeit ihrer Träger. Jahrelanges Liegen, etwa in Schmuckschatullen, schadet ihnen. Perlenketten sollten möglichst oft getragen werden. Genauso wie alle Steinketten sollten sie auch mindestens einmal im Jahr neu geknüpft werden, da die modernen Kosmetika mit der Zeit die Stabilität des Fadens beeinträchtigen und die Gefahr des Reißens der Kette immer größer wird.

Ist Schmuck im Laufe der Zeit verunreinigt, dann darf er nur sehr vorsichtig geputzt werden. Die beim Juwelier erhältlichen Schmuckreinigungsbäder, in die der Schmuck nur eingetaucht werden muß, eignen sich dafür am besten. Die darin enthaltenen Chemikalien frischen auch das Metall der Fassung auf, sind aber in der Regel giftig. Vorsicht! Nie in Kinderhände geraten lassen! Geschickte Kinderhände können durchaus die »Kindersicherungen« dieser Dosen öffnen, was Erwachsenen oft viel schwerer fällt.

Beim Juwelier kann man Schmuckstücke auch im Ultraschallreinigungsgerät säubern lassen. Dies vertragen allerdings nicht alle Steine.

Als Ersatz für das Schmuckreinigungsbad vom Juwelier sollte auf alle Fälle nichts anderes verwendet werden als lauwarmes Seifenwasser und eine ganz weiche Zahnbürste, für sehr filigranen Schmuck sogar nur ein weicher Pinsel.

Färben, Brennen, Bestrahlen

Bei einer ganzen Reihe von Edel- und Schmucksteinen gibt es häufige und seltene Farbvari-

anten. Da ist es natürlich sehr naheliegend, zu versuchen, durch künstliche Behandlung »billige« Farben in »teurere« umzuwandeln.
Die Schmucksteine der Achat- und Chalcedongruppe eignen sich besonders gut zum Färben. Sie sind – in den verschiedenen Lagen unterschiedlich stark – porös und können Farbstoffe, in die sie eingelegt werden, aufnehmen. Auf diese Weise kann man relativ leicht die bei diesen Steinen in der Natur sehr seltenen intensiven Rot-, Blau- und Grüntöne erzeugen. Auch schwarzer Onyx wird auf diesem Weg aus den häufig auftretenden, wenig ansprechenden grauen Varietäten hergestellt. Im früheren Achat-Zentrum Idar-Oberstein lebten ganze Schleiferfamilien von ihrer Kenntnis einer besonders guten Färbemethode, die sie natürlich eifersüchtig vor der Konkurrenz geheimhielten.
Amethyst kann durch Brennen in einen goldbraunen Stein umgewandelt werden, der dem natürlichen Citrin und braunen Topas ähnelt und auch oft als solcher verkauft wird. Auf ganz ähnliche Art und Weise lassen sich aus natürlichen braunen Zirkonen farblose und blaue Steine herstellen.
Auch bei Edelsteinen aus der Gruppe der Berylle wird das Brennen angewandt: Schlechte Aquamarine, gelbe und grüne Berylle können durch Brennen in schönstes Aquamarinblau umgewandelt werden.
Blaßblaue und sogar weiße, trübe Korunde können durch ausgeklügelte Brennvorgänge in schöne klar durchsichtige Saphire verwandelt werden. Für diesen Zweck gibt es z. B. in Thailand regelrechte Servicefirmen, bei denen man Korunde zum Brennen abliefern kann.
Eine große Zahl von Farbveränderungen wird auch durch Bestrahlen mit harter Röntgenstrahlung oder Gammastrahlung bewirkt. Farblose Bergkristalle lassen sich auf diese Art und Weise in schöne braune bis tiefschwarze Rauchquarze umwandeln. Aus farblosem Topas entstehen durch Bestrahlung wunderschön blaue Edeltopase, auch Diamant kann durch Bestrahlung blau oder gelb gefärbt werden.

Imitation und Synthese

Imitation und Synthese sind zwei grundsätzlich unterschiedliche Dinge, die gerne verwechselt werden. Wenn ein Stein durch eine andere, ähnlich aussehende Substanz nachgeahmt wird, handelt es sich um eine *Imitation*. Deren Eigenschaften unterscheiden sich jedoch meist recht deutlich von denen des imitierten Steins, so daß eine Unterscheidung gewöhnlich recht einfach ist. Beispielsweise ist Glas, das den Diamanten imitieren soll, viel weicher als dieser Edelstein. Auch die moderneren Diamant-Imitationen wie Zirkonia, Titania oder Fabulit lassen sich mit Testgeräten, die die Wärmeleitfähigkeit des Materials prüfen und die jeder Juwelier und Edelsteingut-

achter besitzt, ganz einfach in Sekundenschnelle unterscheiden.
Eine *Synthese* ist dagegen ein künstlich hergestellter Stein mit den gleichen physikalischen und chemischen Eigenschaften wie der natürliche Stein. Der einzige Unterschied zum natürlichen Edelstein ist, daß er von Menschenhand hergestellt wurde und deshalb sehr viel weniger wert ist. So kostet z. B. die Herstellung synthetischer Rubine und Saphire nur wenige Pfennige, während gleiche natürliche Steine bis einige hunderttausend Mark kosten können.
Diamanten kann man zwar auch künstlich herstellen, hier liegen aber die Kosten für die Herstellung eines qualitativ hochwertigen, für Schmuckzwecke geeigneten Steins so hoch, daß synthetische Schmuckdiamanten teurer kämen als die natürlichen Steine und deshalb gar nicht hergestellt werden. Zirkonia wird im Volksmund gern als synthetischer oder künstlicher Diamant bezeichnet. Es handelt sich bei ihm aber nur um eine Imitation.
Ein Sonderfall ist der künstlich hergestellte Stein, der einen anderen Edelstein imitiert. Beispielsweise ist es möglich, synthetischen Korund oder synthetischen Spinell nicht nur sehr billig, sondern zur Verwendung als Imitation in der Farbe praktisch jedes anderen Edelsteins herzustellen. Synthetischer Spinell kann in Farbe und Aussehen von Aquamarin, Rubin, Saphir, Rubellit oder sogar Lapis-Lazuli hergestellt werden.

Zusammengesetzte Steine

Ein technischer Kunstgriff, der in größerem Maß nur beim Edelopal angewandt wird, ist die Herstellung zusammengesetzter Steine. Dünne Plättchen von Edelopal, die man an und für sich nicht zur Schmuckherstellung verwenden kann, werden auf eine meist dunkle Unterlage geklebt und so vergrößert. Damit erreicht man, daß auch diese kleinen »Chips« gefaßt und zu Schmuck verarbeitet werden können. Auf diese Art und Weise hergestellte Steine nennt man *Dubletten*. Werden sie noch zum besseren Schutz mit einem flachen, farblosen Cabochon, z. B. von Bergkristall, überklebt, dann spricht man von einer *Triplette*. Dubletten und Tripletten enthalten zwar Teile des echten Steins, sind aber natürlich sehr viel weniger wert als entsprechende »volle« Steine. Sind Dubletten und Tripletten nicht gefaßt, sieht man beim Betrachten von der Seite die Klebeschicht sofort, die andersfarbige Unterseite ist auch bei gefaßten Steinen meist erkennbar.

Edelsteine und Schmucksteine als Sammelobjekte

Geschliffene Steine zu sammeln ist für viele zum beliebten Hobby geworden. Sammler tragen die Steine natürlich nicht am Finger oder an der Brust mit sich herum, sondern bewahren sie in dafür geeigneten Behältnissen auf – ähnlich wie die

Mineraliensammler ihre Mineralien. Gegenüber diesen hat eine Edelstein-Sammlung den enormen Vorteil, keinen großen Raum zu beanspruchen. Hier braucht man keine riesigen Schränke oder Vitrinen, einige der eigens für diesen Zweck von verschiedenen Firmen hergestellten Edelstein-Etuis genügen. Wer doch noch mehr Platz aufwenden will, kann zu den geschliffenen Steinen auch das jeweilige Edelstein-Mineral im Rohzustand sammeln. Interessant sind auch die sogenannten Sammlersteine. Das sind Steine, die ihrer Seltenheit oder ihrer geringen Härte wegen zur Schmuckverarbeitung nicht geeignet sind, aber für Sammelzwecke geschliffen werden. So sind zum Beispiel facettiert geschliffene Calcite außerordentlich schön und durchaus mit Diamanten zu vergleichen, lassen sich allerdings wegen der geringen Härte von nur 3 auf der Mohs'schen Härteskala keineswegs zu Schmuck verarbeiten. In einer Edelstein-Sammlung sind sie dagegen absolute Höhepunkte.

Edelsteine als Glücksbringer?

Edelsteinen werden seit jeher magische Kräfte zugeschrieben. Sie sollen Mut und Stärke verleihen, die verschiedensten Krankheiten heilen, dem Menschen das Einssein mit seiner Umwelt erleichtern. Der Amethyst beispielsweise besitzt angeblich die Kraft, seinen Träger vor Trunkenheit zu bewahren, der Diamant soll vor Vergiftungen schützen und zu Reichtum verhelfen. In nahezu jeder Kultur gibt es entsprechende Überlieferungen. Gerade in der heutigen Zeit ist das Vertrauen auf die Kräfte der Edelsteine wieder sehr modern geworden. Vom indischen Ayurveda bis zur christlichen Lehre der Heiligen Hildegard bietet sich eine Vielzahl von Möglichkeiten, aus der sich jeder die ihm zusagenden Glücks- und Heilsteine auswählen kann.

Auch den Monaten und Sternzeichen sind bestimmte Glückssteine zugeordnet, die im folgenden aufgelistet sind:

Monatssteine

Januar:	Granat, Rosenquarz
Februar:	Amethyst, Onyx
März:	Aquamarin, Jaspis
April:	Bergkristall, Diamant
Mai:	Chrysopras, Smaragd
Juni:	Mondstein, Perle
Juli:	Karneol, Rubin
August:	Aventurin, Peridot
September:	Lapis-Lazuli, Saphir
Oktober:	Opal, Turmalin
November:	Tigerauge, Topas
Dezember:	Rubin, Hämatit

Sternzeichensteine

Widder:	Chalcedon, Rubin
Stier:	Smaragd
Zwillinge:	Onyx
Krebs:	Karneol, Diamant
Löwe:	Peridot

Jungfrau:	Beryll, Onyx
Waage:	Topas, Smaragd
Skorpion:	Chrysopras, Rubin
Schütze:	Zirkon, Saphir
Steinbock:	Amethyst, Obsidian
Wassermann:	Jaspis, Obsidian
Fische:	Saphir

Die Entstehung und das Vorkommen von Edelsteinen

Edelsteine bilden sich wie die meisten Mineralien in Zeiträumen von vielen Tausenden bis zu Hunderttausenden von Jahren.

Sie können aus einer Lösung, aus Dampf oder aus der Schmelze, also aus glutflüssigem Magma, entstehen, aber auch durch Umwandlung bereits bestehender Mineralien in festem Zustand.

Edelmetalle und Edelsteine aus intramagmatischen Lagerstätten

Intramagmatische Lagerstätten sind Anreicherungen von Mineralien innerhalb von Tiefengesteinskörpern.

Unter den Edelmetallen ist es besonders das Platin, das bevorzugt in den Lagerstätten dieses Typs vorkommt.

Edelsteine sind in intramagmatischen Lagerstätten recht selten. Eine gewisse Ausnahme bildet der Chromgranat Uwarowit, der als Umwandlungsprodukt des Chromerzes auf Klüften in intramagmatischen Chrom-Lagerstätten vorkommen kann. Er bildet dort sehr schöne, intensiv grüne Kristalle, die auch verschliffen werden.

Einen besonderen Lagerstättentyp von Edelsteinmineralien in magmatischen Gesteinen stellen die Kimberlit-Pipes dar. Es handelt sich um riesige vulkanische Explosionsschlote, die mit einem speziellen Gestein, dem Kimberlit, gefüllt sind. Dieser Kimberlit enthält eingewachsen Diamant-Kristalle, die das glutflüssige Magma aus der Tiefe, wo hohe Drücke und Temperaturen das Wachstum solcher Kristalle begünstigen, nach oben befördert hat.

Edelstein-Pegmatite

Pegmatite sind sehr grobkörnige bis riesenkörnige Ganggesteine. Sie bestehen hauptsächlich aus Feldspat, Quarz und Glimmer.

Zusätzlich enthalten Pegmatite oft eine ganze Reihe von Edelstein-Mineralien, die in großen Kristallen im Gestein eingewachsen sind, z. B. Aquamarin, Morganit, Topas, Turmalin und viele andere. Diese Kristalle sind allerdings fast immer trüb und undurchsichtig und für die Schmuckverarbeitung nicht zu gebrauchen.

In Drusen und Hohlräumen innerhalb der Pegmatite finden sich als jüngere Bildungen aber auch schöne aufgewachsene Kristalle der eingewachsenen Mineralarten, die oft Schleifqualität besitzen. Vor allem aus Pegmatiten gewonnen werden die Edelsteine Topas, Turmalin, Aquamarin und Morganit. Für diese Edelsteine sind Pegmatite die Hauptlieferanten. Große Vorkommen von edelsteinführenden Pegmatiten gibt es in Brasilien, Namibia, Moçambique, Pakistan und Afghanistan.

Edelsteine aus pneumatolytischen Lagerstätten

Pneumatolytische Lagerstätten sind in der Tiefe unserer Erde aus heißen Gasen entstanden. Edelsteinmineralien, die in solchen Bildungen auftreten können, sind Aquamarin, Topas und Turmalin. Allerdings wird Edelsteinmaterial in größeren Mengen, das zur wirtschaftlichen Gewinnung dienen könnte, in diesem Lagerstättentyp nur selten gefunden. Eine Ausnahme bildet der berühmte Topas vom Schneckenstein im Vogtland, der in einer pneumatolytisch veränderten Turmalinschiefer-Brekkzie auftritt und mehrere Jahrhunderte lang zu Schleifzwecken abgebaut wurde. Zahlreiche Topas-Geschmeide im Grünen Gewölbe in Dresden zeugen von diesem jahrhundertelangen Abbau. Vor Entdeckung der reichen Topas-Vorkommen in Übersee war der Schneckenstein lange Zeit der Topas-Lieferant für alle europäischen Königshöfe. Heute hat er keine wirtschaftliche Bedeutung mehr.

Edelmetalle und Schmucksteine aus hydrothermalen Gängen

Werden Spalten und Risse im Gestein durch Mineralbildungen ausgefüllt, so entstehen Gänge. Häufig enthalten sie offene Hohlräume, in denen Kristalle frei wachsen können, darunter auch Edelsteinmineralien wie z. B. Amethyst. Auch die Edelmetalle Gold und Silber kommen besonders in hydrothermalen Lagerstätten vor.
Einen Sonderfall stellen die alpinen Klüfte dar: Diese Risse und Spalten im Gestein enthalten wunderschöne und zum Teil sehr große Exemplare von Bergkristall, Rauchquarz, Citrin, Hämatit und anderen Schmuck- bzw. Edelsteinen. Vor allem die Bergkristalle aus den Schweizer Alpen wurden jahrhundertelang zum Verschleifen, und zwar zur Herstellung von Kunstgegenständen, nach Italien verkauft (sogenannte Mailänder Ware).

Schmucksteine aus vulkanischen Gesteinen

Beim Abkühlungs- und Verfestigungsprozeß glutflüssiger Lava sondern sich die in der Schmelze enthaltenen Gase ab. Ein Teil tritt an der Oberfläche des Lavastroms aus, ein Teil bleibt aber auch in Form von »Gasblasen« im schnell festwerdenden Gestein stecken und bildet auf diese Weise mehr oder weniger runde Hohlräume, die viele Zentimeter, selten

auch Meter groß sein können. Diese Hohlräume können im Laufe des Abkühlungsprozesses des bereits festen Gesteins durch eindringende heiße Lösungen mit Mineralbildungen gefüllt werden. Riesige Vorkommen solcher Mineralbildungen in Brasilien und Uruguay liefern den allergrößten Teil des heute verschliffenen Amethysts und Achats für den Markt.
Eine Besonderheit bilden die ebenfalls in vulkanischen Blasenhohlräumen saurer Gesteine vorkommenden Topase und roten Berylle, die speziell in den USA gefunden werden.
Auch Opal kann in bestimmten Bereichen in Hohlräumen und Spalten und Rissen von vulkanischen Gesteinen vorkommen. Hierher gehören die klassischen europäischen Vorkommen von Czerwenica (früher Ungarn, heute Slowakei) genauso wie etwa die berühmten Feueropal-Lagerstätten Mexikos.

Schmucksteine in sedimentären Bildungen

Auf Klüften von Verwitterungsbildungen silikatischer Gesteine kann sich bei Vorhandensein bereits geringer Kupfergehalte das als Schmuckstein sehr beliebte Kupferphosphat Türkis bilden. Typische Fundorte hierfür sind z. B. die Kaolingruben in Cornwall, Großbritannien.
Bei der Verwitterung kieselsäurereicher Gesteine können sich, besonders in trockenen Klimazonen, im Bereich des Grundwasserspiegels Ablagerungen der Kieselsäure in Form von Opal bilden. Während es sich beim Großteil um wertlosen sogenannten gemeinen oder unedlen Opal handelt, werden in solchen Bereichen immer wieder auch sehr schöne Opale mit Farbenspiel, die sogenannten Edelopale, gefunden, die zu außerordentlich wertvollen Edelsteinen verschliffen werden. Dabei können auch die verschiedensten Fossilien, wie versteinerte Koniferenzapfen, Muscheln oder Schnecken, in Edelopal umgewandelt sein.

Edelmetalle und Schmucksteine aus der Oxidations- und Zementationszone

Dort wo eine Lagerstätte, ein Gang bis an die Erdoberfläche reicht, ist dieser in Aussehen und Mineralgehalt stark verändert. Der Gang enthält keine sulfidischen Erze mehr, das häufigste Mineral ist Limonit, mit ihm verwachsen oder in seinen Höhlungen aufgewachsen findet man Oxidationsmineralien. Einige der Mineralien, die in der Oxidationszone insbesondere von Kupferlagerstätten vorkommen, werden zu Schmuckzwecken verschliffen. Neben dem am weitesten verbreiteten Malachit sind dies Chrysokoll, Azurit und Türkis.

Gold- und Edelstein-Seifen

Daß man aus dem Sand von Bächen und Flüssen manchmal Gold herauswaschen kann, ist

bekannt. Weniger bekannt ist, daß dort auch andere Mineralien zu finden sind. Es sind hauptsächlich Mineralien, die sich durch ihr hohes spezifisches Gewicht und ihre chemische Widerstandsfähigkeit auszeichnen, z. B. Platin, Granat, Ilmenit, Rutil, Monazit sowie zahlreiche Edelsteinmineralien wie Diamant, Rubin, Saphir, Chrysoberyll, Topas, Spinell und viele andere.
Solche Lagerstätten – sie werden Seifenlagerstätten genannt – entstehen, wenn Mineralien bei der Verwitterung von Gesteinen oder Lagerstätten freigelegt, mit dem Wasser weitertransportiert, dabei angereichert und wieder abgelagert werden.
Seifen können auch schon vor Jahrmillionen entstanden sein. Sie sind dann schon wieder zu festen Gesteinen geworden, wie es etwa bei den Diamantvorkommen bei Diamantina in Brasilien der Fall ist. Dort werden feste Konglomerate abgebaut, die aus den ehemaligen Edelstein-Seifen entstanden sind.
Viele Edelsteine, wie Rubin oder Saphir, wurden und werden in beträchtlichen Anteilen der Weltjahresproduktion aus Seifen gewonnen. Hauptproduzenten von Edelsteinmineralien aus Seifen sind Indien, Myanmar (früher Birma) und insbesondere Sri Lanka, wo oft unter außerordentlich primitiven und teilweise auch gefährlichen Bedingungen die Seifen von Hand abgebaut und ausgewaschen werden.

Edelsteine und Schmucksteine in metamorphen Gesteinen

In Gesteinen bilden sich im Laufe der Metamorphose neue Mineralien, die den veränderten Druck- und Temperaturverhältnissen entsprechen, also stabil sind.
Typische Edelsteine, die in metamorphen Gesteinen und hier insbesondere in Marmoren vorkommen, sind der Rubin und der Spinell, seltener auch der Saphir. Bekannte Rubin- und Spinellfundstellen, die auch heute noch Material für die Schmuckindustrie liefern, liegen im Hunzatal in Pakistan und bei Jegdalek in Afghanistan.
In Gneisen oder Glimmerschiefern finden sich manchmal Lagerstätten mit schönen und für Schmuckzwecke verwendbaren Kristallen von Smaragd. Die einzige zeitweise zur Edelsteingewinnung abgebaute europäische Smaragd-Lagerstätte an der Leckbachscharte im Habachtal in den österreichischen Alpen gehört zu diesem Typ, ebenso wie Lagerstätten in Brasilien, Südafrika, Pakistan und Ägypten.
Auch Granat-Kristalle aus Glimmerschiefern (meist Almandine) wurden lange Zeit zur Gewinnung von Steinen für den traditionellen mitteleuropäischen Granatschmuck gewonnen.
Jadeit und Nephrit bilden sich ebenfalls durch Umwandlung von basischen Gesteinen.

Die Gewinnung von Edelsteinen aus ihren Lagerstätten

Die Gewinnung von Edelsteinen und auch Edelmetallen ist heute nicht mehr Sache einzelner Abenteurer, sondern stellt in vielen Ländern einen bedeutenden Wirtschaftszweig dar, der viel zum Außenhandel eines Landes beiträgt.
Allerdings ist es da nicht der einzelne Edelsteinschürfer, der an dem hohen Preis des Endprodukts Edelstein verdient, sondern es sind die großen Konzerne und Edelsteinhändler, die die Rohsteine vermarkten.
Prinzipiell gibt es zwei grundlegend verschiedene Methoden der Gewinnung von Edelsteinen:

1. Die Gewinnung aus der Primärlagerstätte.
Hierbei handelt es sich meist um festes Gestein, das zur Gewinnung des in der Regel in sehr geringen Mengen enthaltenen Edelsteins mit Maschinenkraft abgebaut, zerkleinert und letztendlich von Hand durchsucht werden muß. Hier kann die Edelsteingewinnung nur in regelrechten Bergbau- oder Steinbruchbetrieben durchgeführt werden. Paradebeispiel ist die hochindustrielle Gewinnung von Diamanten durch Abbau des Kimberlitgesteins in zum Teil riesigen Minen. Dabei müssen viele Tonnen harten Gesteins abgebaut und zerkleinert werden, um auch nur einen einzigen Diamanten zu finden.

2. Die Gewinnung aus der Sekundärlagerstätte.
Hierbei werden hauptsächlich Edelsteinseifen ausgebeutet, in denen sich die bei der Verwitterung des Muttergesteins anfallenden härteren und beständigeren Edelsteine konzentriert haben. Auch die Edelmetalle Gold und Platin können aus solchen Seifen gewonnen werden.
Durch Waschen (manchmal maschinell, meist aber von Hand) werden die wertvollen Edelsteine von den viel häufigeren Begleitmineralien getrennt. Da nur einwandfreie Steine die Prozedur der Anreicherung in den Seifen überstehen, sind Edelsteine, die aus Seifen gewonnen werden, oft von besonders guter Qualität. Weil die Edelsteinsuche in Seifen bereits mit sehr einfachen Mitteln durchgeführt werden kann, handelt es sich hierbei um die älteste Methode der Edelsteingewinnung, die besonders auch in den klassischen Edelsteinländern Indien, Sri Lanka und Myanmar (früher Birma) angewendet wird.

Tips für den Edelsteinkauf

Edelsteinkauf ist Vertrauenssache – kaufen Sie wertvolle Steine immer im Fachgeschäft! Nur der Fachmann kann Ihnen garantieren, daß Sie wirklich echte und seriös bewertete Steine erhalten.

Seien Sie vorsichtig – und besonders kritisch – bei Käufen in Urlaubsländern. Es werden dort oft synthetische Steine als echt angeboten oder minderwertige Steine zu überhöhten Preisen verkauft.
In Indien oder Sri Lanka billig angebotene Steine sind oft so geschliffen, daß sich möglichst viel Gewicht ergibt. Die daraus resultierenden »bauchigen« Formen machen oft ein Fassen in Schmuckstücken ohne vorheriges – sehr teures – Umschleifen unmöglich.

Mißtrauen Sie besonders günstigen Angeboten – niemand hat etwas zu verschenken.

Verlassen Sie sich beim Edelsteinkauf aus Privatbesitz nicht auf mitgelieferte Gutachten – ein Zertifikat ist nicht immer Beweis für Echtheit und Qualität eines Steins. Es ist immer außerordentlich schwierig, festzustellen, ob ein lose mitgeliefertes Zertifikat überhaupt zum entsprechenden Stein gehört. Daher sind auch solche Zertifikate für den Verkauf des Steines ohne Wert. Häufig ist ein Wiederbeschaffungswert angegeben, der viel höher ist als die Summe, die sich bei einem eventuellen Wiederverkauf des Steins erzielen läßt. Ziehen Sie stets einen Fachmann Ihres Vertrauens zu Rate!

Auch alter Schmuck aus Familienbesitz kann Imitationen oder synthetische Steine enthalten. Es war früher durchaus üblich, Imitationen in Gold oder Silber zu fassen.

Kaufen Sie Edelsteine nicht zur Geldanlage – obwohl oft angepriesen, ist dies allenfalls für Fachleute ein Geschäft. Es gibt Investitionsmöglichkeiten, die gewinnbringender, vor allem aber sicherer sind.

Kaufen Sie keinen teuren Stein, wenn Ihnen ein preiswerterer genausogut gefällt. Es muß nicht immer Rubin oder Diamant sein. Auch Granat und Bergkristall sind sehr schön – und viel billiger.

Edel- und Schmucksteine-Register

Achat 70
Adular 94
Albit 92
Alexandrit 46
Almandin 50
Amazonit 92
Amethyst 60
Ametrin 60
Ammonit 132
Andalusit 110
Andradit 50
Anorthit 92
Aquamarin 30
Augenachat 70
Aventurin 66
Azurit 106

Balas-Rubin 28
Barockperlen 128
Bergkristall 60
Bernstein 126
Beryll 30
Bixbit 30
Blisterperlen 128
Blutjaspis 66
Blutstein 108
Böhmischer Granat 52
Boulder-Opal 76

Ceylanit 28
Chalcedon 66
Charoit 112
Chiastolith 110
Chrysoberyll 46
Chrysoberyll-Katzenauge 46
Chrysokoll 102
Chrysolith 56
Chrysopras 66
Citrin 60

Demantoid 50
Dendritenachat 70
Deutscher Lapis 88
Diamant 20

Edelkoralle 130
Edelopal 76
Edelserpentin 122
Edeltopas 42
Eilatstein 102
Eisenkies 114
Elbait 36
Engelshaut-Koralle 130
Epidot 120

Fabulit 140
Falkenauge 66
Feldspat 92
Festungsachat 70
Feueropal 76
Fossilien 132

Galliant 140
Gold 8
Goldberyll 30
Goldtopas 42
Goshenit 30
Granat 50
–, Böhmischer 52
Grauer Opal 76
Grossular 50

Halbopal 76
Hämatit 108
Harlekin-Opal 76
Heliodor 30
Heliotrop 66
Hiddenit 48
Himbeerspat 82
Holzopal 76
Hyalit 76
Hyazinth 54

Imperial-Topas 42
Indigolith 36

Jade 96
Jadeit 96
Jaspis 66

Kalifeldspat 92
Karneol 66
Katzenauge 66
Knischka-Rubin 136
Koralle 130
Korund 24
–, synthetischer 136
Kristallopal 76
Kunzit 48
Kupferlasur 106

Labradorit 92
Landschaftsachat 70
Landschaftsjaspis 66
Lapis-Lazuli 88
Lasurit 88

Madeiratopas 42
Mahagoni-Obsidian 100
Malachit 104
Manganspat 82
Markasit 114
Matrix-Opal 76
Melanit 50
Milchopal 76
Mohrenkopf 36
Moldavit 122
Mondstein 92
Moosachat 68
Morganit 30
Morion 60

Nephrit 96

Obsidian 100
Ochsenauge 66
Olivin 56
Onyx 66
Opal 76
Orthoklas 92

Padparadscha 24
Peridot 56
Perlen 128
Phenakit 118
Pistazit 120
Plasma 66
Platin 12
Pyrit 114
Pyrop 50

Quarz 60
Quarzkatzenauge 66
Quarztopas 42

Rauchquarz 60
Rauchtopas 42
Regenbogen-Obsidian 100
Rhodochrosit 82
Rhodolith 50
Rhodonit 84
Rosenquarz 60
Roter Beryll 30
Roter Glaskopf 108
Rubellit 36
Rubicell 28
Rubin 24
–, Balas- 28
–, Knischka- 136
–, synthetischer 136
Rubin-Spinell 28
Rutilquarz 64

Sanidin 92
Saphir 24
–, synthetischer 136
Sarder 66
Schneeflocken-Obsidian 100
Schörl-Kristalle 36
Schwarzer Opal 76
Serpentin 122
Silber 14
Smaragd 30
Sodalith 86
Sonnenstein 92
Spektrolith 92
Spessartin 50
Spinell 28
–, synthetischer 138
Spodumen 48
Sugilith 116
Synthetischer Korund 136
Synthetischer Spinell 138

Tigerauge 66
Tigereisen 66
Titania 140
Topas 42
Topazolith 50
Transvaal-Jade 50
Trilobit 132
Trümmerachat 70
Tsavorit 50
Türkis 80
Turmalin 36

Uruguay-Achat 70
Uwarowit 50

Verdelith 36
Verneuil-Rubin 136

Wassermelonensteine 36
Wasseropal 76
Weißer Opal 76

YAG 140
Yowah-Nuß 76

Zirkon 54
Zirkonia 140
Zuchtperlen 128

Fotos Umschlagvorderseite: Amethyst facettiert r. o., Edelopal Cabochon l. o., Diamant facettiert l. u., Chrysokoll Cabochon u. M., Lapis-Lazuli Cabochon r. u.
Umschlagrückseite: Hyalit l. o., Aquamarin-Kristall r. o., Ametyhst-Kristall l. u., Lapis-Lazuli-Kristall u. M., Feldspatkristall r. u.

Auflage 5. 4. 3. 2.
Jahr: 98 97 96 95

Redaktion und Herstellung: Verlagsbüro Kopp
Layout und Umschlaggestaltung: Christine Mills
Zeichnungen: Christine Mills
Fotos: Hochleitner, Weiß, Diamond Information Center
Reproduktion: Penta-Repro
Satz: Filmsatz Schröter
Druck: Appl
Bindung: Auer

ISBN 3-7742-2131-6

Autor: Dr. Rupert Hochleitner, Konservator der Mineralogischen Staatssammlung München und des Museums »Reich der Kristalle«. Autor zahlreicher Mineralienbücher, u. a. der GU Kompasse »Mineralien« und »Edelsteine« sowie der GU Naturführer »Mineralien«.

Die sieben Kristallsysteme

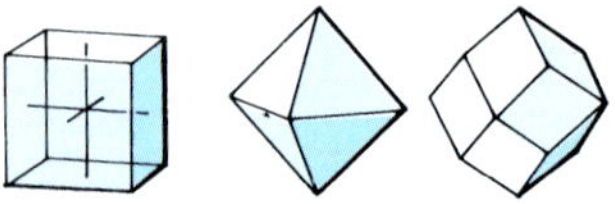

Kubisches Kristallsystem: Alle 3 Achsen des Achsenkreuzes sind gleich lang und schneiden sich im rechten Winkel.

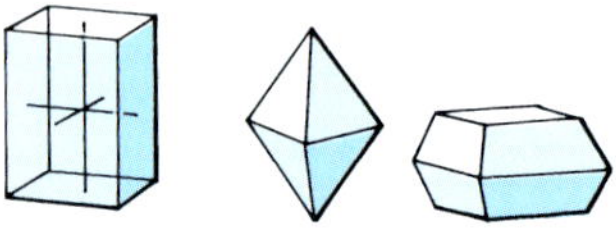

Tetragonales Kristallsystem: 2 Achsen des Achsenkreuzes sind gleich lang, die dritte ist länger oder kürzer. Alle schneiden sich im rechten Winkel.

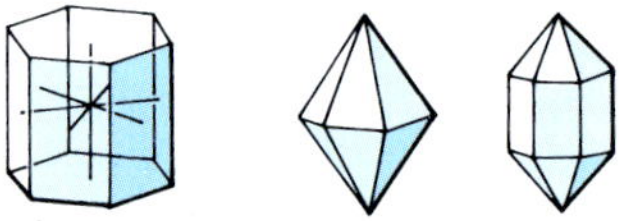

Hexagonales Kristallsystem: 3 gleichlange Achsen des Achsenkreuzes liegen in einer Ebene und schneiden sich unter 120°. Die vierte Achse ist ungleich und steht senkrecht auf dieser Ebene.

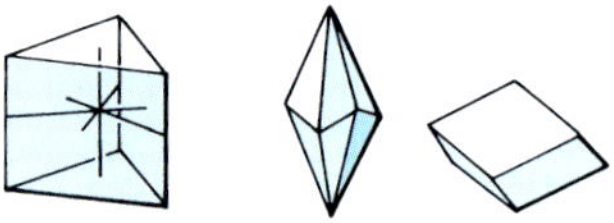

Trigonales Kristallsystem: 3 gleichlange Achsen des Achsenkreuzes liegen in einer Ebene und schneiden sich unter 120°. Die vierte Achse ist ungleich und steht senkrecht auf dieser Ebene.

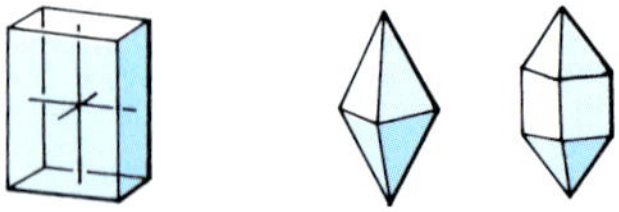

Orthorhombisches Kristallsystem: Alle 3 Achsen des Achsenkreuzes sind verschieden lang, sie schneiden sich im rechten Winkel.

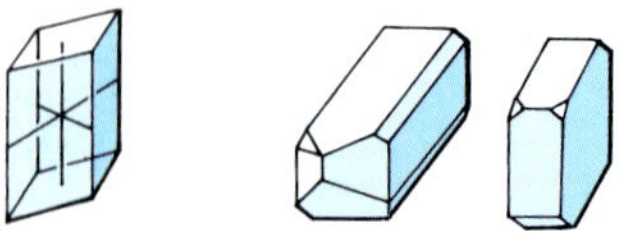

Monoklines Kristallsystem: Alle 3 Achsen sind verschieden lang. 2 davon schneiden sich im rechten Winkel, der Winkel der dritten zu diesen beiden ist beliebig, aber ungleich 90°.

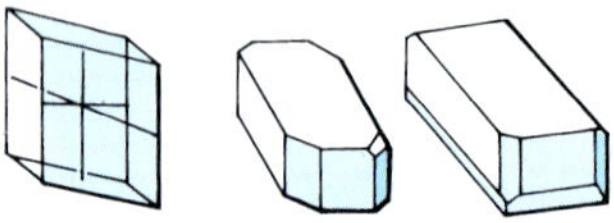

Triklines Kristallsystem: Alle 3 Achsen des Achsenkreuzes sind verschieden lang, die Winkel dazwischen sind beliebig, aber ungleich 90°.

1

2

Topas

Härte: 8
Dichte: 3,53 – 3,56
Chemische Formel:
$Al_2[F_2/SiO_4]$
Kristallform: orthorhombisch
Farbe: Farblos, gelb, braun, blau, rosa, rot, grün; durchsichtig. Glasglanz.
Vorkommen: Topas findet sich in vielen unterschiedlichen Lagerstätten. In Pegmatiten bildet er z. T. große, aufgewachsene Kristalle in verschiedenen Farben. Besonders häufig sind hier farblose und bläuliche Kristalle, die bis viele Kilogramm Gewicht erreichen können. In pneumatolytischen Lagerstätten kommt Topas auch in aufgewachsenen Kristallen vor, die farblos, gelb oder blau gefärbt sind, aber meist nur wenige Zentimeter groß werden. In Drusen vulkanischer Gesteine gibt es besonders schöne braune Kristalle, die ebenfalls meist recht klein sind. Daneben findet sich Topas, der bei der Verwitterung, insbesondere von Pegmatiten, frei wird, in oft großen, abgerollten Geröllen in Edelsteinseifen.
Unterscheidung: Gebrannter Amethyst und natürlicher Citrin sind weicher als brauner bis gelber Topas und haben keine Spaltbarkeit. Aquamarin ist von blauem Topas mit einfachen Mitteln kaum zu unterscheiden. Blauer Zirkon zeigt eine hohe Doppelbrechung, Glas ist viel weicher. Topas-Gerölle ähneln, besonders wenn sie farblos sind, oberflächlich einfachen Kieselsteinen. Allerdings ist Topas deutlich schwerer als Quarz und läßt sich im Gegensatz zu diesem gut spalten.
Verarbeitung: Topas wird als durchsichtiger Stein fast immer im Facettenschliff verarbeitet und dann zur Herstellung wertvoller Schmuckstücke verwendet. Für Steinketten aus Topas bevorzugt man dagegen Kugeln oder unregelmäßig geschliffene Steine.
Pflege: Topas ist wegen seiner hervorragenden Spaltbarkeit sehr empfindlich gegen Stoß und Schlag. Auch schnelle Temperaturänderungen können bereits ein Zerspalten des Steins bewirken. Intensiv gefärbte Topase können im Laufe der Zeit am Sonnenlicht ausbleichen – das gilt für die meisten bestrahlten, aber auch für einige natürliche Steine.

Wegen des hohen Werts von Topas werden zahlreiche andere, braun oder gelb gefärbte Steine fälschlich mit dem wertsteigernden Beinamen Topas verkauft. Gebrannter Amethyst wird oft als Madeiratopas, Goldtopas, Quarztopas oder sogar, in betrügerischer Absicht, einfach als Topas verkauft. Gebrannter Amethyst wird besonders oft unregelmäßig geschliffen zu billigen sogenannten »Topas-Ketten« verarbeitet. Allerdings zeigt schon der meist

1. blauer Topas-Kristall, Rußland
2. roter Topas-Kristall, Rußland
3. sherryfarbener Topas-Kristall, Utah, USA